生态江西读本

SHENGTAI JIANGXI DUBEN

傅修延 著

目　录

第一章　物华天宝与人杰地灵

江西具有悠久的历史与深厚的文化积淀，赣鄱人民在漫长的历史时光中，创造了无数让后人引以为傲的物质财富与精神财富，形成了独具本土特色的赣鄱文化。赣鄱文化既是中国文化的一部分，又对中国文化的发展作出过巨大贡献。本书从人与自然关系这个角度考察历史上的赣鄱文化，揭示其中蕴涵的生态思想及其对当今生态文明建设的启示，包括回归大地、敬畏自然、顺应环境、保育生态、节约资源与务实发展等六项内容。前人的生态智慧是对今人的宝贵馈赠，对于我们现在正在进行的生态文明建设，具有十分重要的参考价值。

最近一些年来，大自然不断在向中国发出警报，北方沙尘暴和雾霾频频来袭、中东部地区空气质量堪忧，这些都在提醒我们必须高度注意与环境友好相处，否则可持续发展就是一句空话。在目前这种人人都在关注食品与环境安全的形势下，本书今天讨论的生态话题就更具有现实针对性。

提到“生态江西”，就需要了解江西的自然环境。要了解江西的自然环境，不能不先了解江西的山，因为构成江西地貌特征的首先是山。先后担任过江西省省长的两位老领导分别从不同角度描述过江西的总貌。邵式平老省长的说法是：“六山一水二分田，一分道路与庄园。”赵增益老省长在《江西好》中概括为：“长江北枕，五岭南傍；武夷罗霄，东西屏障。”前者强调江西的山岭占了总面积的十分之六，后者具体道出江西的东、西、南三个方向都是山。这个北面开口（鄱阳湖在江西北面）、三面环山的盆地形成了一个相对独立的自然系统，为江西作为一个行政区域提供了地理学上的依据。形象地说，赣鄱文化就“盛”在这个以山为边界的盆地之中。在这个自成体系、相对独立的地理单元中，山脉、江河与湖泊共同构成了一个完整的、与行政区划高度契合的生态系统。

如果从山的角度说江西是“三面环山，口开北面”，那么从水的角度来概括江西地貌便是“众水归鄱，一水中穿”。在

位于罗霄山脉的武功山

赣江与鄱阳湖交汇

江西这个三面环山、口开北面的大盆地中，有五条大河，由东、西、南三个方向朝北面的鄱阳湖流去。江西的水系相对独立，境内的五大河流——赣江、抚河、信江、饶河和修河（连称为“赣抚信饶修”），发源于本省又流经本省，最后全部都汇入赣北的鄱阳湖，所以鄱阳湖流域与江西省的范围基本上是重合的。其中长达 819 公里的赣江由南向北贯穿江西全境。赣江虽然只是长江的支流，但它的多年平均径流量超过黄河，在全国同类江河中居于前列，原因在于江西年降雨量一般维持在 1400 毫米至 1900 毫米之间，地表水和地下水都非常丰沛。中国的地势西高东低，江河流向也多为自西向东，像赣江这样南北流向的河流对于交通运输来说意义重大。因此聪明的古人把它打造成了一条“黄金水道”，江西几个重要的城市如南昌、吉安和赣州等都在赣江边。过去从中国北方来的货物经大运河进入长江，通过鄱阳湖溯赣江而上，便可直抵赣南大余县的南安码头。货物从这里上岸只须翻过大庾岭上数十公里的驿道，就可到达广东省的南雄，进入连通“海上丝绸之路”的珠江水系。笔者在大庾岭考察古驿道时，看到鹅卵石缝隙间还留有当年的瓷器碎片，可以想象，过去景德镇的许多瓷器就是通过这里走向世界。

但江西也不是绝对的“肥水不流外人田”，江西的民谣说“江西九十九条河，只有一条通博罗”。博罗是广东的地名，位于珠江支流东江的中下游，而发源于赣南桠髻钵山的寻乌水流入广东后便汇入东江，[①] 因此香港同胞把那一带当成自己饮用水的源头。江西人早就懂得保护水源地的重要性，为了涵养水源、优化水质，与广东交界的赣南诸县非常重视保护当地的树木，近年来屡次组织万名干部群众在山上植树造林，为的是让广东和香港同胞喝上放心水。这种环保举措在香港回归前后被传为美谈，香港同胞因此经常组团来东江源区旅游和探望。

与国内其他地区相比较，江西今天的生态环境相对来说还比较良好。以人类当前极为重视的淡水资源为例，鄱阳湖作为中国最大的淡水湖，在中国四大淡水湖中是唯一没有富营养化的湖泊，也是中国唯一进入世界“生命湖泊网”的成员。也就是说，鄱阳湖不但是“一湖清水”，而且还是“一湖活水”。江西的生态环境如何，从鄱阳湖的水质就可以看出来，因为大地上的涓涓细流都要汇入江河，江河之水最终都要流进鄱

---

① 一说源头在安远县三百山，此说不无道理，因为桠髻钵山位于寻乌、安远与会昌三县的交界处，人称“一脚踏三县，一眼望两江”。

阳湖中。鄱阳湖的水质为什么相对较为优良？原因之一是江西人生态意识萌发较早，山林植被保护得好，从山上流下来的水就不会带来太多泥沙和其他沉积物，这使得鄱阳湖的淤积程度较其他大湖为轻。20 世纪 50 年代时，中国第一大淡水湖还是洞庭湖，它当时的面积比鄱阳湖大，后来因为淤积的缘故，“中国第一大淡水湖”的位置就让给鄱阳湖了。笔者当知青时在赣江和鄱阳湖上开过三年船，亲眼看到过赣江上不下雨也涨水的奇观，那是因为岸上树木根系之中所蓄积的水分突然之间被释放出来，结果形成一种绿色的山洪。这种现象被称为“清涨”。“清涨”现象如今已不多见，但江西的

白鹤

鄱阳湖越冬候鸟

水质总体说来还是不错的。一个广为人知的事实，就是全球百分之九十五以上的白鹤每年从西伯利亚飞来鄱阳湖湿地越冬。众所周知，白鹤是世界上最珍稀的鸟类之一，这种候鸟以水生植物的根茎为食，对自己的栖息环境非常挑剔，选择鄱阳湖就是看中了这里水网密布、湿地广阔，具有适合它们越冬的生态环境。此外还有一个重要前提，就是它们在这里越冬较少被人类打扰。设想一下，如果湖区百姓一到冬天就以捕杀白鹤为生计，这种珍贵的鸟类下一次就不会飞到这里来了。

好的生态标志除了水之“碧”外就是山之“绿”。江西境内连绵不绝的青山翠岭，给人留下的印象也是很深刻的。根据国家林业局 2017 年公布的全国森林资源清查数据，江西的森林覆盖率为 61.16%，森林覆盖率居全国第二。过往客人特别是北方来客，进入江西后的第一感触就是“绿”，满目青翠的赣鄱大地让他们眼前为之一亮，许多外省人说这里的天空特别湛蓝，这儿的空气似乎也在散发出丝丝甜味。许多游客为高速公路两侧如诗如画的绿色长廊入迷，感觉自己融入了美丽的大自然，还有人说欧洲国家公路两旁的风光也不过如此。江西的高速公路建设一大特点，就是比较注意打造道路两旁的自然景观，许多景观路段像是在道路两旁展开了长幅风光画卷，美不胜收，让人感觉如在画中游。许多人到井冈山去瞻仰革命圣地，接受红色革命传统教育，而井冈山的绿色之美也让他们大吃一惊。2007 年，为纪念井冈山革命斗争 80 周年，《光明日报》发表了笔者写的《井冈山赋》，在这篇赋中，用了将近一半篇幅歌颂井冈山的绿色生态。其中有这样的文字：

井冈山茨坪

秀哉美哉，绿色井冈。峻岭郁郁复苍苍，聚多少珍禽异兽天然氧。枝头扑翅，黄腹角雉猴面鹰；涧边觅食，灵猫云豹水鲵獐。万类山间竞自由，兔伏鸢飞草低昂。好空气，甜如糖，负离子粒粒护健康，都市客身心多疲惫，碧浓洗肺意气扬；过山风，芬又芳，阔叶林森森送清凉，现代人两眼常朦胧，青岚润目神清爽。春来千峰耸翠，岭上开遍映山红；夏至众山飞瀑，龙潭淼淼水茫茫；秋日层林尽染，桂子流丹枫叶赤；冬时漫天飘雪，嶂峦竞裹白银妆。为纪念峥嵘岁月，五指峰绘上人民币；休忘却创业艰难，百元钞取出细端详。人喜罗霄水，清澈腾细浪，一洗肢体轻，再涤尘虑忘，掬一捧山泉兮照影生辉，擦一把手脸兮周身通畅；我爱井冈茶，汤汁赛琼浆，三杯通大道，四盏眼眉饧，举一盅清茗兮敬我同志，品一口醍醐兮勇往前方。最难舍，云锦猴头，鹿角西洋，笔架山脊杜鹃林，绵亘十里成走廊。噫吁兮，如火如荼，若霞若锦，前贤血沃英雄树，烈士回眸梦亦香。[1]

“绿色江西”之所以能享有与“红色江西”并称的美誉，与赣鄱文化中与大自然友好相处的传统大有关系。没有这种地方上的传统，没有体现在这种传统中的生态智慧，就不会有江西今天之“绿”。江西的山为什么特别“青”，江西的水为什么特别“绿”，与江西人从古到今一贯重视植树造林、保护生态、涵养水源有关。近几十年来，江西不断有重大的生态措施出台，20 世纪 80 年代“山江湖工程”开始实施，21 世纪以来鄱阳湖生态经济区建设上升为国家战略，紧接着整个赣鄱大地又进入国家生态文明示范区和国家生态文明试验区的行列，这些全都是在防止水土流失、提高森林覆盖率、发展生态经济和提升生态文明上做文章。鲁迅先生说：“发思古之幽情，往往为了现在。”为了建设资源节约型与环境友好型社会，为了赣鄱大地的可持续发展，我们都需要了解自己文化中的环保传统，从前人那里汲取有益的生态智慧，以便继续实现与大自然的友好相处，这也是弘扬优秀地方文化传统的题中应有之义。

或许有人认为，鄱阳湖之所以到现在还是“一湖清水”，是因为江西与发达省份相比属于小省、穷省，人口不算多，各方面发展都不够，所以环境没有遭到破坏。情况其实并非如此，我们不妨先来看历史上江西的发展成就。江西在宋、元、明三代，从人口数量上看，是全国数一数二的大省。宋徽宗崇宁元年，也就是公元 1102 年，全国户口总数 2026 万，

---

① 傅修延：《井冈山赋》，《光明日报》2007 年 10 月 11 日。

江西201万，约占十分之一，名列全国首位。明代江西人口居全国第二位，仅次于浙江，但向中央交税交粮仍超过浙江。由于资源环境的丰富和人民的勤劳智慧，赣鄱大地为世人奉献出了一片摇曳多姿的文化景观。鄱阳湖流域古城名镇星罗棋布，书院寺庙道观和楼台亭阁不计其数，前人在这里创造出令人惊叹的稻作文化、陶瓷文化、青铜文化、纺织文化、宗教文化、茶文化、戏曲文化和候鸟文化，形成了与“金木水火土”等资源相对应的若干产业集聚中心：

“金”有“铜都”铅山永平，那里有铜矿，古时候，朝廷设永平监，在此铸钱，由中央直辖，曾经一度有十万工人之多。德兴也有“铜都”之名。江西是铜业大省，江西铜业公司许多都是世界级的。此外，还有“银都”乐平。赣南一带则是中国的“钨都”。

“木”有“木都”吴城，吴城为木材集散地。以及“茶

吴城水上人家

茶园

都”浮梁，“浮梁”之名来自水上漂浮大木头，浮梁因产茶所以叫“茶都”。同样属木的还有“纸都”铅山，这个地方以造纸业闻名。“药都”则是樟树，所谓“药不过樟树不灵”。南丰被称为“橘都”。

“水”可以指“洪都”南昌，南昌过去因为洪水滔天，所以称“洪”。九江过去称“江州”，也是水城。由于水资源丰富，江西从古到今都是水稻生产大省，饥荒年代江西输出的稻谷，在历史上救活了不少外省饥民。

“火”指的是“烟花之都”万载，烟花是对火药的利用，万载是中国四大烟花爆竹主产区之一，有长达千年的生产历史。如果理解为革命之火，则有“红都”瑞金。

“土”可以指瓷土，也可以指稀土。“瓷都”景德镇不仅是江西，而且是中国的骄傲。瓷是瓷土和火的结合，景德镇这座城市中，有着千年不熄的窑火。英文里“China”（中国）一词也可指瓷器（china），瓷器成了中

“瓷都”景德镇

国的代称。郭沫若说“中华向号瓷之国，瓷业高峰在此都”，“瓷都”在江西，这是江西的骄傲。

这让人想起一句脍炙人口的名言，那就是王勃在《滕王阁序》中所说的“物华天宝，人杰地灵”。可以这样说，在工业化时代到来之前，前辈赣人将地方上的各种物质资源利用到了极致，为江西赢得了“物华天宝，人杰地灵”这一地域文化美誉。

“物华天宝，人杰地灵”这句话中，前面四个字实际上是由后面四个字决定的——没有“人杰地灵”，怎么可能有“物华天宝”？而“人杰地灵”中，人又是决定性的因素，因为“人杰”才能“地灵”，也就是说人聪慧了，地方上的物产方能发挥作用。人是文化的载体，古往今来，鄱阳湖流域出了不少名人。“唐宋八大家”中，江西占有三席，他们是欧阳修、王安石和曾巩。江西古代的人杰还有“古今隐逸诗人之宗”陶渊明、“中国 11 世纪改革家”王安石、“东方莎士比亚”汤显祖、“中国的狄德罗”宋应星，以及理学集大成者朱熹、心学创始人陆九渊、“江西诗派”领军黄庭坚、词人兼音乐家姜夔、文学家洪迈、写意派画家朱耷（八大山人）、中国近代铁路先驱詹天佑和国学大师陈寅恪，等等。

数字颇能说明问题：明清两代全国共有进士51624人，江西为4988人，约占十分之一。明代甚至有“朝士半江西”之说。文化与教育密不可分，江西千百年来人才辈出，根本原因在于书院教育的兴盛。江西书院有三大特点：一是起步早，如始建于唐代的桂岩书院与东佳书院；二是数量多，历代相加共有近千所之多；三是名声大，如白鹿洞书院被称为“天下书院之首”，象山书院、鹅湖书院也曾被列入“天下四大书院”之中。

滕王阁

鹅湖书院

鄱阳湖流域的发展成就，对世界的发展也产生过相当积极的影响。18 世纪初法国来华传教士佩里·昂雷科莱（汉名殷弘绪）曾经在景德镇待了七年，其间偷师学艺，利用各种机会深入窑场，观察各道工序、配方及其生产组织状况，然后写信回国，告诉同胞如何生产出“声如磬，白如玉”的瓷器。殷弘绪的信件后来被译成多种西方语言，在欧洲传播甚广，使原先大大落后于中国的欧洲瓷器生产，迈上了一个很大的台阶。这件事在历史上非常有名，但人们有所不知的是，殷弘绪信件的意义还不仅仅在于陶瓷生产，它对西方工业革命也起了某种推动作用。德国汉学家雷德侯在其近著中指出：殷弘绪信件中介绍的陶瓷生产的链锁式流程，对欧洲大规模生产线的建立产生了直接影响。雷德侯认为：

机器不是引发工业革命的唯一因素，劳动力的组织和管理、劳动分工的技巧也是不可或缺的重要条件。1769年，乔赛亚·韦奇伍德（Josiah Wedgwood，1730–1795）在英国斯塔福德建立了欧洲第一条贯彻工厂制度并全面实行劳动分工的瓷器生产线。在这家工厂里，每名工作者都必须是专精某道生产工序的行家里手，这在当时是非常革命的观念。韦奇伍德的灵感来源于他对传教士殷弘绪神父书简的阅读。[①]

细致合理的劳动分工，以及有条不紊的劳动力组织与管理，正是景德镇瓷业的一大特色，这是赣鄱文化对人类文明发展的一项不可磨灭的贡献！雷德侯这番话把工业革命与景德镇瓷器生产的关系说得非常清楚，遗憾的是对于这种贡献，我们自己认识不足，反倒是国外汉学家先把话说出来。看来今人不能妄自菲薄，对于赣鄱先贤的贡献，我们真的应当予以认

《天工开物》中的制瓷图

① 雷德侯：《万物：中国艺术中的模件化和规模化生产》，张总等译，北京：三联书店，2005年，第143页。

真、仔细和深入的研究。

说到殷弘绪，我们就会想到另一位更有名的来华传教士——意大利人利玛窦。利玛窦在明代末年的南昌生活了整整三年，此前他在其他地方屡屡碰壁，无法融入中国文化，唯独在这里第一次做到了与中国的文化人真正交往——赣鄱文化独具的海纳百川精神，使得利玛窦能够在南昌顺利地传扬西方科技文化。利玛窦的这一段经历，使得江西南昌成为中西文化最早碰撞并溅击出明亮火花的地方。利玛窦传记的作者裴化行（亨利·贝尔纳）说：

利玛窦像

> 南昌及其附近地区，尤其是靠近鄱阳湖的庐山，是一处天然适合于可称中国“人文主义”发育的土壤。[①]

利玛窦使得中国人知道了地球是圆的，与此同时也使西方人系统地了解了中国。这位传教士在中西交流史特别是科

---

① 裴化行:《利玛窦神父传》(上册)，管震湖译，北京:商务出版社，1988年，第209页。

学传播上的重大意义,远超过了传教本身。明代末年是所谓"西学东渐"之初,在这一过程中,鄱阳湖流域在全国可谓得风气之先。主张吸收和倡导西学的代表人物是白鹿洞书院山长章潢等人,他们与利玛窦曾经有过比较密切的交往。宋应星的年代比章潢等人稍晚,但他的思想很难说没有江西那个时代风气的印记,否则《天工开物》的科学精神就是无源之水。但那个时候主要还不是西方影响中国,而是中国影响西方。欧洲在12世纪学会造纸,但一直是以破布为单一原料生产麻纸,后来欧洲用纸需求激增,但破布供应有限,于是造纸业出现原料危机。《天工开物》传入法国后,人们知道可以用树皮纤维、竹类及草类纤维代替破布,于是原料危机得到缓解。法国19世纪作家巴尔扎克的小说《幻灭》中,提到主人公大卫读了一部介绍造纸技术的中国书(并说其中附有不少图解),受启发后放弃以破布为原料,改用书中提到的竹子,结果"造出比任何欧洲国家都便宜的纸"。这又是一个江西人的智慧影响世界的例子。[①]

以上简单的回眸一瞥,让我们看到前人发展的成就是多么伟大,赣鄱文化曾经有多么辉煌的过去,而且这些并不是以环境为代价取得的。前人的发展是一种"可持续的发展",或者说是一种"可承受的发展"。因为按照厦门大学生态文学专家王诺教授的观点,"可持续的发展"的英文"sustainable development"译成"可承受的发展"更符合英文的原意。如果说"可持续"是就"发展"本身而言,那么"可承受"则强调了人类发展与环境承载力之间的矛盾,这种表达与

① 巴尔扎克:《幻灭》,袁树仁译,北京:人民文学出版社,2013年,第626页。

“sustainable”的本义更为相符。以上内容让我们了解到，我们的前辈依靠自己的聪明才智，在鄱阳湖流域实现了“可承受的发展”。他们既开发利用了各种自然资源，取得了令世人瞩目的发展成就；同时也没有超出环境的承受能力，没有糟蹋环境，为后人留下了“一湖清水”，这是今人特别需要感谢前人的地方。

本章小结：

第一，江西是个好地方，江西的青山绿水构成了一个自成体系并且与行政区划高度契合的地理单元；第二，鄱阳湖流域享有“物华天宝，人杰地灵”这一美誉，前人取得的发展成就不但影响了中国，而且闻名于世界；第三，这些发展成就的取得并非以环境为代价而取得，前人对自然资源的利用并没有超出环境的承受能力。可以说没有赣鄱文化的生态智慧，也就没有鄱阳湖现在的“一湖清水”。

山、江、湖拥抱

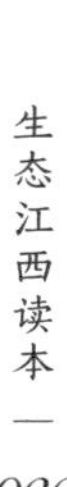

第二章　隐逸田园与回归大地

鄱阳湖的“一湖清水”是前人运用自己的生态智慧保护下来的结果，但前人的思想行为是如何对生态环境产生影响？其思其行是如何发生和形成的？其表现在哪些方面？对后人来说又有哪些积极意义？我们需要对这些问题做出系统讨论，让人既知其然，也知其所以然。

“隐逸田园与回归大地”这个题目，很自然地会让人想到陶渊明，因为他是中国文化史上“隐逸田园”的第一人，被称为“隐逸诗人之宗”。就江西来说，他的地位也非常重要，梁启超在《陶渊明之文艺及其品格》一文中，把他定位为“代表江西文学第一个人”：

我们国里头四川和江西两省，向来是产生大文学家的所在。陶渊明便是代表江西文学第一个人。[①]

陶渊明像

陶渊明的文学成就非常之高，但他的成就不只体现在文学上，只有从文化角度，或者说从人与自然关系的角度，我们才能把握这位晋代大文人对后世的贡献。要了解赣鄱文化的生态智慧，要读懂赣鄱文化这部“大书”中“人与自然关系”这一章，就必须从陶渊明的隐逸田园说起。

陶渊明给人印象最深的，是其“不为五斗米折腰”之事，许多人对这个故事耳熟能详。陶渊明自己在《归去来兮辞》的“序文”中，把自己为何出来做官，又为何隐逸田园，作了非常坦白的陈述：他出仕是因为家贫，“耕植不足以自给”，家里有许多张嘴，仅靠自己耕种无法把这么多张嘴喂饱，没办法才出去求人帮忙，托人介绍到地方上做个小吏，挣一点俸禄养家糊口；他挂冠归隐则是因为不自在，做了小吏便要为五斗米折腰，为了维护自己的人格尊严，为了不违悖自己

① 梁启超：《中国文学讲义》，长沙：湖南人民出版社，2010 年，第 282 页。

的真性情，他还是愿意听从自己内心的召唤，归返田园，回到大自然中去。需要注意的是，陶渊明的隐逸是真正的隐逸。中国历史上隐逸田园之人不胜枚举，但许多人是假惺惺地隐逸，甚至可以说是装腔作势、待价而沽，这些人“身在江湖，心存魏阙”，人在江湖心里却想着朝廷的金銮殿，以隐逸来沽名钓誉，目标则是东山再起，希望有朝一日入朝为官。这种以归隐求出山的行为被人讽刺为“终南捷径”。“终南捷径”与唐朝的卢藏用有关。此人考中进士后先去长安南边的终南山隐居，等待朝廷征召，后来皇帝果然派人来招他当官。与其形成鲜明对照的是，后来出了一位真正的隐士司马承祯，他被朝廷征召后坚持不肯出仕，一定要回到山里去，卢藏用送他时指着大山说：“此中大有嘉处。”司马承祯听后慢吞吞地回答他一句：“在我看来，这不过是做官的捷径罢了。”卢藏用听了之后非常惭愧，这就是“终南捷径”的来历。

陶渊明的真隐逸，透露出他内心深处的价值观与情感倾向。卢藏用之流的假隐逸，图谋的是东山再起，这些人对田园生活不是真感兴趣。陶渊明与他们不同，他懂得田园生活的珍贵价值，他那些歌咏自然之美的诗文，均为发自肺腑的呕心沥血之作。隐逸田园在他看来是人生中最有意义的事情，他在农家生活中发现了自己生命中的最大乐趣。陶渊明在中国文学史上被称为“田园诗文之祖”，他在庐山脚下吟出的千古名句“采菊东篱下，悠然见南山”（《饮酒》），展开了一幅清新隽永的山水画卷，把平淡无奇的乡村景色点化为新的审美对象。他在决心辞去彭泽令时写下的“云无心以出岫，鸟倦飞而知还”和“木欣欣以向荣，泉涓涓而始流”（《归去来兮辞》），将田园生活的生机妙趣描绘得活泼可爱，令人读后产生出强烈的向往之情。试读《归园田居》中的“羁鸟恋旧林，池鱼思故渊”，以及“久在樊笼里，复得返自然”等诗句，可以看出他把社会中的人当作“羁鸟”与“池鱼”，也就是笼中鸟与池中鱼，一旦有机会便会打破“樊笼”挣脱锁链，回归自己的“旧林”和“故渊”。在陶渊明之前，虽然也有文学作品描写田园之美，但没有多少人有如此深厚的自然情怀，也很少有人能把这种情怀表现得如此淋漓尽致。所以陶渊明的田园诗文被认为是这类作品中的妙品、精品与极品。生态智慧的萌发前提是要有生态情感，如果对大自然没有感情，人生的价值取向只在功名利禄，那么什么生态智慧都无从产生。而陶渊明是由衷地向往自然、热爱自然，迫不急待地要回归自然、依傍自然，以便悠然自得地欣赏自然、享受自然和赞美自然。这种对自然的态度给后人树立了一个样板，启迪人们对自然应当怀有怎样的情感，应当以怎样的态度来对待自然。在人与自然关系问题上，陶渊明是把大自然作为移情对象、赋予大自然崇高价值的第一人。

那么，陶渊明的生态智慧又表现在什么地方呢？不妨对“隐逸田园”这一标志性举动作些深入分析。隐逸冲动之所以发生，原因在于人的意识深处有一种与生俱来的大地眷恋，因为人类原本就是大自然中孕育的婴儿，回归自然犹如儿童回到母亲的怀抱。从这种意义上说，隐逸田园的本质意义就是回归大地。小孩子如果生病了，会很自然地依偎于母亲温暖的怀抱，母亲也会紧紧地将孩子抱紧，这样孩子便会感到好受一些。陶渊明的大智慧就表现于此：为了摆脱在官场上感受到的种种不适意，他像婴儿恋母一样把自己投入大自然的怀抱，从中求取精神上的安慰，获得身心的安宁与轻松。

这是一种把大自然当作母亲或者医生的生存策略。社会上的种种弊端难免使人的身心感到诸多不适，于是美丽温暖的大自然便成为求助的对象，回归大地成了一条治疗身心疾患的途径。陶渊明开创的这种途径，后来为许多人所效仿，中国历代有那么多文人爱陶、慕陶、仿陶、学陶（许多文人用这些作为自己的名号），原因就在于此。人们常引用德国诗人荷尔德林的诗句："人诗意地栖居在大地上。""栖居"在这里有"安顿"的意思。陶渊明用自己的诗文表现了这种"诗意栖居"，并且用自己的行动实践了大地上的"诗意栖居"，可以说他的身体和灵魂都在大地上获得了安顿。陶渊明所处的时代距今约有 1600 年，在那么早的时候，他就不但萌发了这种富于启迪意义的自然价值观，对人与自然的关系产生了这么深刻的认识，而且还给人们指出了一条向自然求取安慰的途径，而西方人是到最近两三百年才对这些有所领悟。这位古人思想的超前性确实令人惊叹。

陶渊明的隐逸有一个目标指向，那就是具有很高知名度与美誉度的"桃花源"。"桃花源"出自脍炙人口的《桃花源记》。这篇散文写武陵渔夫沿着溪水边的桃林划船，到了美丽的桃林尽头，在溪水发源处看到一个仿佛有光亮透出的山洞。渔夫穿过狭窄的山洞之后，忽然发现自己来到一个有肥沃田地与整齐房屋的地方，这就是"桃花源"。里面的人生活得自由自在、怡然自乐，原来他们的祖先是为躲避战乱而来到这个与世隔绝的地方，从此世世代代居住在这里，对外面发生的事情一概不知。"桃花源"是人类最早用文字描述的乌托邦，这个想象出来的世界，无疑就是大地母亲温暖怀抱的具体化，"桃花源"里那种"不知有汉，无论魏晋"的生活，那种逍

桃花源

遥自在无忧无虑的生活，生动形象地体现了荷尔德林诗句中的“诗意栖居”。需要注意的是，从人与自然关系角度看这部作品，不难发现作者把美丽的桃花源写成了人类的避难所。大自然的怀抱不仅给人们温暖，而且还把人们与外界社会完全隔绝起来，使人们不受战争、瘟疫与社会动乱的干扰。因此《桃花源记》突出了大自然对人类的保护功能，它既能从精神上给人以安慰，同时又是坚强的物质堡垒与屏障，人类藏匿在大自然的怀抱里，能够获得不受外界侵扰的安全感。这又是一种利用大自然的智慧，本书后面会进一步阐释。作为中国文化主流的儒释道三家，其分支流派有不少就是凭借大自然的屏障的保护，在江西的深山老林之中发展起来的。

“桃花源”虽然只是虚构，只是一个子虚乌有的梦境，一个虚无缥缈的精神故乡，但自从陶渊明讲述了这个故事之后，生活在现实世界里的人便在自己对大自然的想象中，添加了一个这样的“乌托邦”。这样他们就可以开启一种“身在曹营心在汉”的心灵逃逸模式——身体处在社会生活之中，心灵却有一个地方可以逃逸。西方文化直到现代，才产生了与“桃花源”相似的“香格里拉”，那是20世纪英国作家詹姆斯·希尔顿在其小说《消失的地平线》中描述的一个地方，位置在喜马拉雅山的群山之间。西方人认为“香格里拉”是他们的一大发明，但“香格里拉”在本质上与“桃花源”是一回事。它也是以大自然为天然屏障，靠与世隔绝才得以在乱世中保全下来。对于那些不知“香格里拉”为何物的中国人来说，只要告诉他们这是西方人在文学中创造的世外桃源，他们马上就会明白这是怎么一回事情。

说起西方的生态思想及其代表人物，自然会想到18世纪法国倡导“回到自然”的启蒙作家卢梭，想到19世纪英国被称为“自然的歌者”的浪漫主义诗人华兹华斯，想到19世纪美国以《瓦尔登湖》闻名于世的环保作家梭罗。这些人的思想和作品在当今世界有很大影响，生态文学专家与环保运动者经常会提起这些人的名字。但与陶渊明相比，这些人都是晚辈的晚辈。在人与自然的关系上，陶渊明用自己的诗文，用自己的人生实践，做出了超越他所属的那个时代的探索。但是他的成就在当时并没有获得立即承认，而是到了隋唐以及宋代以后，他的作品和思想才开始被人赏识。这就像是一壶陈酿老酒，越到后来越是散发出醉人的芬芳。陶渊明塑造的“桃花源”形象，提高了大自然在人们心目中的地位，他的回归大地怀抱的思想，以大自然为母体和庇护所的生态智慧，对中华文化产生了深刻的影响，同时也为赣鄱文化确定了绿色这个基本色调。

那么，为什么最早的“桃花源”想象会出自江西人笔下呢？

笔者认为，任何想象都不可能凭空发生，作家的创作往往有其原型，江西独有的山水形态为陶渊明构思“桃花源”提供了形态学上的基础。说得更具体一点，就是江西有不少地方与《桃花源记》中的描述非常相像。笔者在江西省社会科学院工作期间，曾为写鄱阳湖生态经济区调研报告而在九江的几个县做文化调研，看过那里的桃林、溪水与山洞等景观，它们让我情不自禁地想起陶渊明笔下的“桃花源”。就地质构造来说，鄱阳湖是个古老的构造断陷湖，湖区周围有大量溶洞与暗河，有的地方岩洞地貌还发育得比较充分，如陶渊明当过县令的彭泽县就有高达 50 米的龙宫洞，里面的景色颇为壮观。鄱阳湖周边知名洞穴数量甚多，除龙宫洞外还有九江县的狮子洞和涌泉洞、乐平县的洪源洞和万年县的仙人洞，不过最有名的当数庐山上的仙人洞，毛泽东就在这里写下他的诗句“天生一个仙人洞，无限风光在险峰”。还有湖口县石钟山下的“水石相搏”之洞，苏东坡在《石钟山记》中对其有过描写。宋代地理文献《太平寰宇记》在介绍这一带的地理特征时，常常提到这些山洞，说其中有蛇蛟之类藏匿，并说许逊（许真君）及其师傅（一说是其徒弟）吴猛就曾深入到一些洞穴中去斩蛟擒蛇。笔者曾去过奉新县浮云山上的李八百洞，当地人说该洞一直通往庐山，而江西许多地方都有这种类似洞穴通往他处的传说。相信在战乱年代，这类洞穴一定是百姓的藏身之地。我们无法断定陶渊明到过彭泽的龙宫洞，但他很有可能听说过洞中藏人的故事。在此，不妨将《桃花源记》的开篇与地方文献对李八百洞的描述比较一下。《桃花源记》中是如此描述的：

孕育了江西诗人的个性和风格的江西山水

山有小口，仿佛若有光。便舍船，从口入。初极狭，才通人。复行数十步，豁然开朗。土地平旷，屋舍俨然，有良田美池桑竹之属。

而在有关江西的地方文献中则是这样的描写：

李八百洞在奉新县南三十里，洞门甚隘小，但可侧肩而入，行数十步渐高，其深莫测。或云高安郡圃亦有李八百洞，与此相通。[①]

陶渊明只描述了一个小小的“桃花源”，实际上整个江西

① （康熙）《江西通志》卷七《山川》，见《四库全书》，上海：上海古籍出版社，1987年，文渊阁影印本，史部，第513册，第266页。

是一个巨大的“桃花源”。前文说过，江西是一个大盆地，而这个大盆地实际上是由许多山环水绕的小盆地组合而成。盆地是四周高中间低的凹地，与井和坑的形状相像，所以井冈山一带的聚落有“井”名（如大井、小井和五井等），而乐安、婺源等地的聚落有“坑”名（如流坑、理坑和腾坑等）。从高处往下看，群山环抱中的村庄就像是坐落在井中或坑中。除了入口特别隐蔽之外，江西的许多山村与桃花源的地貌并无多大区别，因为依山傍水的井状盆地是聚落形成的最佳选择。散落在江西各地的小盆地、小聚落、小井、小坑，就像“桃花源”一样接纳了无数躲避战乱的外来人，这就是为什么许多外来移民会在江西这个物产丰饶的鱼米之乡安身立命。明史专家方志远教授曾用“摇篮”来形容江西的作用，[1]著名学者曹聚仁说到鄱阳湖盆地时也用了“摇篮”这一比喻，[2]他们的意思是江西这片土地对中国许多初露端倪的事物有孕育与哺养之功。现在人们常说井冈山是中国革命的摇篮，瑞金是共和国的摇篮，也有这层意思在内。

就中国传统文化的发展来说，江西山间这些大小盆地的“摇篮”之功尤其值得称道。中国传统文化的主流不外乎儒释道三家，这三家与江西的缘分都非同一般。先说儒家。儒学的理学和心学分别肇始于庐山的莲花峰和贵溪的象山；庐山脚下的白鹿洞书院是一所教育体制相当完备的儒家高等学府，它始建于公元940年，比1167年创建的英国牛津大学早227年。再说佛教。唐代有言曰：“求官去长安，求佛往江西。”

---

① 方志远：《摇篮说》，载《赣文化——从大京九走向二十一世纪》，南昌：江西教育出版社，1997年，第51页。

② 曹聚仁：《万里行记》，北京：三联书店，2000年，第286页。

庐山白鹿洞书院

唐代以来中国佛教的主流形态是禅宗，禅宗“五宗七派”的传承与发展，许多都发生在江西的大山里。人们称呼这些分支流派的创立者之名时，往往会在前面冠以江西的山名，如青原行思、杨岐方会、黄龙慧南、百丈怀海、黄檗希运、仰山慧寂、洞山良价等（“青原”“杨岐”“黄龙”和“百丈”等都是江西的山名）。最后来看道教。道教的净明派（奉许真君为祖师）兴起于南昌的西山山脉；天师道虽创立于四川，但从第四代起一直扎根于贵溪龙虎山，《水浒传》第一回“洪太尉误走妖魔”就以这个地方为故事背景。这些宗教的流派分支之所以看中了江西的山，原因就在于江西的山间、盆地相对与世隔绝，能够像“桃花源”一样起到庇护作用，使得理学、

百丈山百丈寺

禅学和道教的大师们能够不受干扰地在其中开宗立派，亦能在这样清幽安静的地方修身养性。这是一种利用自然作为屏障的智慧。这些被称为“摇篮”的地方笔者基本上都去探访过，它们给人的第一感觉就是远离尘嚣，想要到达那里必须要翻越像围墙一样的巍巍群山。

还要特别提到的是，江西的这些扮演过“摇篮”角色的山，许多平时都是冷冷清清的，貌似知名度不高，但是对某些特定人群来说，它们的名字却是如雷灌耳。例如起源于萍乡杨岐山的杨岐宗，属于禅宗“五宗七派”之一，传到海外后成为佛教大宗，目前仅在日本就有超过百万的信徒，国内的信徒亦有不少。但一般人，包括许多萍乡人都不知道这座山在文化上有这么大的影响。江西这些名山不但有着深厚的历史底蕴，在当代依然具有很大的影响。圆寂于永修县云居山的虚云法师是中国佛教协会的发起人和名誉会长；后来担任中国佛教协会会长的一诚也是出自云居山；一诚之后担任会长的传印又是出自云居山，他还做过庐山东林寺的住持。道教名山在当今影响也依然存在，如南昌的西山，那里有中国南方最大、最古老（超过1600年）的道教宫观庙会，庙会期间香客人数超过50万。如今“西山万寿宫庙会”已入选国家第三批“非物质文化遗产名录”，但许多江西人对此现象仍不够关心，学术界研究成果也不多。我们将在后续的章节中介绍万寿宫庙会的深层成因。

本章小结：

第一，陶渊明的隐逸思想，为后人开启了一种热爱自然、回归自然的人生范式，他是中国文化史上向大自然寄托情感、赋予田园生活诗意品格的第一人；第二，《桃花源记》等作品表现出的向自然求安慰、求安全、求安宁的思想，体现了前人依傍自然、利用自然的生态智慧，赣鄱文化的绿色基调就是在这种情况下形成的；第三，赣鄱大地之所以成为中国革命和主流文化分支的“摇篮”，与人们利用大自然作天然屏障有关，散落在江西山间的大小盆地在这方面发挥了重要的庇护和哺育作用。

第三章　敬畏自然与顺应环境

赣鄱大地像母亲接纳自己的孩子一样，给人以安慰、安全和安宁，让人的灵魂和肉体都在大地上获得安顿。然而江西的生态环境也有另外一面——大自然并不总是像将人类抱在怀中的慈祥母亲，她有时也会生气发怒，露出令人生畏的面目。赣鄱文化中包含的生态智慧，包括对自然的敬畏、斗争与顺应，这是在人与环境的博弈过程中逐步形成的。

平时留意新闻报道的人都会注意到，每年一进入秋天，江西媒体上便会经常出现关于赣江水位迅速跌落的报道。偶尔水位会低到连自来水公司的取水口都够不着的程度，这种情况下自来水公司就会将取水管道向下延伸。笔者过去经常在赣江游泳，每年国庆节之后，下水时都会看到沙滩边江水逐渐退去的痕迹，退水退得快的日子，给人感觉是一落千丈。有时候甚至会令人产生出一种恐慌：按这样的速度继续退下去，有朝一日赣江和鄱阳湖里会不

冬季的鄱阳湖

会真的没有水了？这种担心并不是多余的，事实情况是，江西以赣江为首的五条大河——赣江、抚河、信江、饶河与修河（简称赣抚信饶修），冬天流入鄱阳湖的水量都会急剧减少。鄱阳湖在丰水期烟波浩渺，一望无际，面积有时超过5000平方公里，但枯水时核心区域竟然可以缩小到只有50平方公里，这是多么大的落差！笔者在鄱阳湖畔朱港农场开船时，每年春夏丰水季节，在船上看鄱阳湖就像一片波涛汹涌的汪洋，但到了冬天的枯水季节，大片水面全都消失不见了，映入眼帘的只有狭窄的河道、湖汊和大片大片的湿地。鄱阳湖中间的航道有时只剩下一条弯弯曲曲的水沟（因此鄱阳湖到冬天又有"鄱阳沟"之称），水沟窄到船在开行中会把水中的鱼儿挤到岸上，这就是典型的"河成湖"特征。[①]

① "河成湖"即湖泊因河流而成，所谓"水来一大片，水退一条线"。"鄱阳沟"之名源于江西省有关方面负责人一次去北京汇报工作，当说到鄱阳湖冬天枯水时只剩下一道道河沟时，听汇报的领导脱口而出："这不成鄱阳沟了吗，哪里还是鄱阳湖啊？"

鄱阳湖老爷庙一带湖面

鄱阳湖的水不仅春涨秋消，而且变幻莫测，带有北纬 30 度线附近地区特有的神秘特征，鄱阳湖老爷庙一带的水域，从古到今经常发生莫名其妙的船翻人亡事件。这片水域被人们称为“中国的百慕大魔鬼三角区”，科学家正在努力对此做出解释。这些年有关方面还组织力量打捞历史上的沉船，发现了大量明代中晚期青花瓷等文物。媒体对这一事件也非常关注，下面是记者采写的一篇报道：

从 2011 年开始，国家文物局水下文化遗产保护中心与江西省文物考古研究所联合启动了对鄱阳湖老爷庙水域的专项探测工作。该水域位于江西省都昌县与星子县之间，全长 24 公里，是鄱阳湖连接长江出口的狭长水域，自古以来就是鄱阳湖最为险要之处，水流湍急、恶浪翻滚，沉船事故常常发生，被称为“中国的百慕大”“鄱阳湖的魔鬼三角区”，一直都有着神秘色彩。[1]

笔者当年曾经多次开船经过老爷庙水域，船员们每次经过那个鬼门关时都非常紧张，至今船老大如临大敌的神情还深刻地印在我脑海里。

鄱阳湖的水体不仅每年变化，从历史上看，它的水体也有一个由北向南的扩展过程。距今六七千年前，位于江西正北端的赣鄂皖交界区域，有一片横跨长江南北的彭蠡泽。由于地壳升降带来的湖盆变化，彭蠡泽的江北部分在三国时演变为湖北和安徽境内的龙感湖与大官湖，江南部分则逐渐向南继续蔓延，水面至隋代抵达鄱阳县境内的古鄱阳山，鄱阳湖之名由此而得。不过“初唐四杰”之一的王勃似乎还不知道这个名字，他在《滕王阁序》中写下的是“渔舟唱晚，响穷彭蠡之滨”，但是到了晚唐，诗人韦庄作七律，题为《泛鄱阳湖》，这大概是鄱阳湖之名第一次作为唐诗的标题。宋代以后，鄱阳湖的水体继续南浸，逐步形成了今天所见的形态与规模。唐代诗人刘长卿的《登余干古县城》诗反映了这种沧桑变化：“飞鸟不知陵谷变，朝来暮去弋阳溪。”余干是鄱阳湖边一个县，弋阳溪属于流入鄱阳湖的信江水系；“陵谷变”指的是“高岸为谷，深谷为陵”，即高岸和低谷因为地质变化而相互转换。

鄱阳湖水体春冬之间和古今之间的变动不居，对鄱阳湖流域的经济生产与人民生活产生了很大影响，但也培育了江西人在这一特定自然条件下生存发展的智慧，赣鄱文化因此

① 胡晓军：《鄱阳湖神秘水域首度确认发现沉船》，《光明日报》2013年3月25日。

被打上深刻的生态烙印。桀骜不驯的湖水虽给周边人民带来巨大苦难，但也赋予他们特殊的生态敏感性，使他们对大自然怀有一种铭心刻骨的敬畏之情。人与自然关系之所以构成赣鄱文化最为重要的主题，生态意识之所以如此深刻地渗透在赣鄱文化当中，与赣鄱之水的变化莫测有密切关系。时至今日，途经老爷庙水域的船只还会燃放长长的鞭炮，湖边鼋将军庙的香火仍然旺盛，[①]可能有人会觉得这些船员过于愚昧无知，但这样的举动其实是一种敬畏自然伟力的表现。据统计，1862年至1990年的128年间，江西发生水灾的年份有122年，其中发生大水灾的年份有26年，特大水灾的年份有15年。水灾对鄱阳湖流域人民的生产生活造成了巨大破坏，这可以从一首余干民谣中看出：

实在无奈何，大水浸了禾；
一床破絮一担箩，出去挨户叫婆婆。[②]

饱受水患之苦的现实，导致许逊治水与降服孽龙的故事在江西流传多年。旧时江西人习惯称许逊为许真君，他和陶渊明一样也是东晋时人，称其为“真君”是因为他在道教文化中是一位品貌俱佳的代表了忠孝的神仙。许逊对道教的贡献是创立了净明道（亦称净明忠孝道、净明派），其宗旨为“净

① 鼋将军庙又名显应宫，全称为显应鼋将军之庙，民间习惯称老爷庙。本书后记中有与“鼋”相关的记述。

② 许怀林等：《鄱阳湖流域生态环境的历史考察》，南昌：江西科技出版社，2003年，第50页。“叫婆婆”即出外乞讨，乞讨者知道女性长者更富同情心，因此挨户乞讨者都是“叫婆婆”在先。

许真君像

明忠孝”。道教文献说他活到136岁时，与全家42人一道拔宅飞升，古语中所说的“一人得道，鸡犬升天”，指的就是修道成功获得的现世升仙效果，这无疑是一种具有迷信色彩的宗教宣传。不过在生动活泼的民间叙事中，许逊被说成为一位慈悲为怀的济世英雄，他会给人纾困解难，给人治病送药，还安排耕地让被洪水淹没田地的老百姓耕种。但他所做的最大的好事，是在江西和周边省份消除水患。民间故事是富有想象力的，为了突出这位为民除害的英雄，民间故事中把他的对手描述为一条变化多端的孽龙。许逊费尽千辛万苦降服孽龙后，将其用八根铁索拴住，牢牢地锁在豫章城（即南昌城）南井底的铁柱上。“铁柱万寿宫”之名便是因此而得。其位置在南昌市老城区的中山路与胜利路交汇处，“文化大革命”时铁柱万寿宫被毁，目前正在复建过程中。笔者少年时多次去铁柱万寿宫玩耍，记得大殿的门槛很高，还有一口拴着铁链的水井，有人说那条孽龙仍被许真君用铁链锁在井底。

南昌西山万寿宫

许逊的传说故事反映了江西人民战胜自然灾害的强烈愿望。正是由于这种愿望，许真君崇拜才在鄱阳湖流域广为流行。万寿宫是祭祀许逊的场所，江西城乡各地曾经有过500多座万寿宫。南昌除城内的铁柱万寿宫外，城外新建区内的逍遥山（即西山）下还有一座玉隆万寿宫，俗称西山万寿宫。那里原先是许逊修道炼丹的地方，属于道教净明道的祖庭。现在每年庙会期间（农历七月二十至九月初一）仍有50万人往西山进香。笔者有一年去庙会参观，看到的是人山人海。维持秩序的任务非常繁重，南昌市和新建县的公安消防部门出动大批警力以防不测，尤其是防止香客相互拥挤发生踩踏事故，以及避免蜡烛鞭炮之类引发火灾。

省外的万寿宫数量据统计有600多座。这些万寿宫是旅居外地的江西移民所建，同时也是江西会馆，为的是维系乡谊、交流情感、寄托故里之思。笔者去过几座江西省外的万寿宫，其中成都东郊洛带镇的万寿宫保存较为完好。这些万寿宫当年除了祭祀许真君外，还是供江西籍人士聚会的场所，里面有唱戏的戏台，有的还有附属学校。过去还有这样的规矩：在外省读书的江西籍学生，可以到万寿宫来领一点油和米，有条件的地方甚至还会发一点钱，作为学生的学业补助。万寿宫之所以从祭祀许逊的场所逐渐演变成赣鄱大地的文化象征，是因为许逊的伏波安澜、斩蛇擒蛟的行为，体现出人在大自然面前不是俯首帖耳，而是积极有为、奋发进取。这种斗志昂扬的姿态对赣鄱儿女具有强大的感召力，人们从中感到一种不屈不挠的斗争精神。人们来万寿宫进香，深层原因是为了尊崇这种精神，延续获得胜利的自豪感。

不过任何事情都具有两面性。许逊降服孽龙象征着人类对自然的征服，但在与洪水这种近乎不可抗拒的自然力作斗争时，人类只可能获得暂时性的胜利。如果违背规律，一味向自然索取，一定会遭致洪水无情的惩罚。江西自唐宋以来就有“与湖争田”的行为，近代以来，鄱阳湖地区不断扩大围垦面积，用修建和加高圩堤的方法来扩大种植面积；中华人民共和国成立之后，围湖造田的面积更达 620 万亩之多，鄱阳湖 2000 多公里长的湖岸线被缩短了将近一半。从大自然中夺得的土地固然生产了许多粮食，但虎口夺食终究是危险的游戏，后来的水灾一次比一次规模大，一次比一次范围广。1998 年那场特大洪水之后，人们终于认识到“与湖争田”不会有好的结果，于是顺应自然的“退田还湖”行动正式登场。实施移民建镇等工程以后，鄱阳湖丰水期时的面积从 3900 平方公里增加到了 5100 平方公里，而从低洼地带搬到高处的滨湖居民则因为从事经济附加值较高的生产劳动，获得了更为

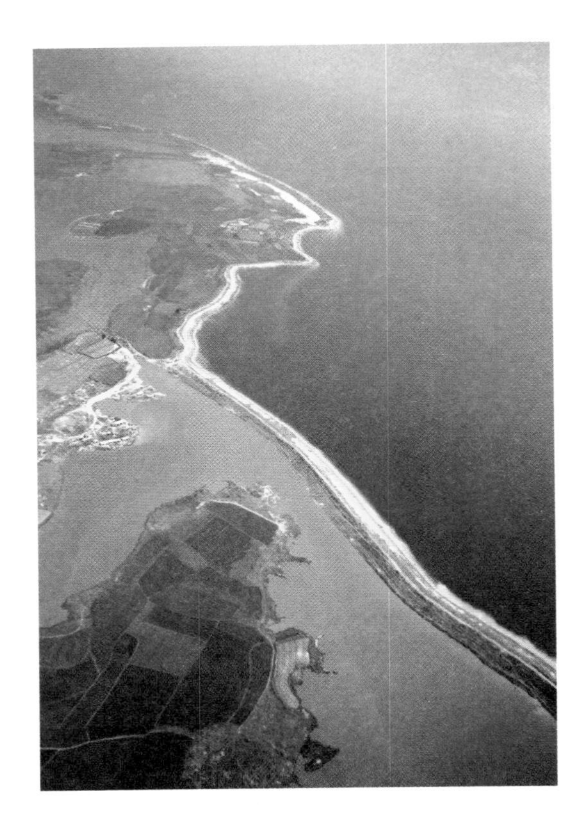

鄱阳湖防洪堤

稳固的生活来源。这就意味着，在吸取前人智慧的基础上，今人现在已经懂得如何更好地与自然相处——人类不能一味地求得征服自然，而是该退让时就要退让；“人定胜天”其实是不可能做到的，人类最终还是要遵循自然规律，按自然规律办事。事实胜于雄辩，从 1998 年到现在，已经 20 年过去，1998 年那样的洪水灾害再也没有在江西出现过。这一事实说明，江西实施“退田还湖”的策略是卓有成效的——用个简单的比喻来说，装水的脸盆比以前的大了，容量比以前大了，同样体量的水就不会漫过脸盆的边沿。

事实上，鄱阳湖地区的人民在过去的围垦中也不是一味与大自然硬拼。笔者当年参加防洪抢险时，亲眼看到农场对面的湖区农民是如何与变幻莫测的环境博弈：湖水涨起之前他们并不拼命加高圩堤，对堤内稻田也不多施肥和管理，如果洪水漫过圩堤，他们就在水退后捕捉留在田里的鱼虾（甚至在地上挖大坑把鱼留住）；如果这一年水未涨起来，他们就主要收获堤内的稻米。有的农民还会在洪水泛滥之前把地上的土挖去一层，铺下稻草后再填上土，洪水退去之后再在这样的地上种藕，产量特别高。就像古埃及人知道尼罗河水泛滥可以为土地增肥一样，鄱阳湖地区的人民懂得既顺应自然又利用自然——洪水并不等于洪灾，只要应对得法，大自然的力量也可以变成为人所用的资源。《警世通言》有一则故事名叫《旌阳宫铁树镇妖》，其中提到孽龙失败后企图讲和，许真君令其一夜之间在赣鄱大地上滚出一百条河。这个细节折射出赣鄱文化中化害为利的生态智慧：对于洪水不是简单的堵塞而是疏导，而且这种疏导要让水害变为水利。江西过去的水利工程，以鄱阳湖周边的州县最多。其中一个值得称道的是婺源县汪口村平渡堰，这项水利工程体现了古人利用自然的生态智慧。平渡堰位于江湾水与段莘水交汇处，其设计者为清朝著名经学家、音韵学大师江永，建于清代雍正年间。它的南北长 120 米，宽 15 米，堰坝呈曲尺形，曲尺的长边拦河蓄水，曲尺的短边与河岸形成通船航道。

婺源汪口平渡堰

这个堰坝在不设闸门的情况下，同时解决了蓄水、通舟、减缓水势等多个问题，是我国水利史上的一个奇迹。堰体经过两三百年洪水冲刷，依然留存。值得一提的水利工程还有宜春的李渠，有关文献中如此记载：

> 元和四年，李将顺守袁州（即现在的宜春）时，州多火灾，居民负江汲溉甚艰，将顺以州城地势高，而秀江低城数丈，不可堰使入城，惟南山水可堰，乃凿渠引水，溉田二万，又决而入城，缭绕闾巷，其深阔使可通舟，经城东北而入秀江。邦人利之，目曰李渠。①

唐朝以来，地方官员不断加强和完善对李渠的管理与修浚，“渠屡废而复治”。清朝宜春举人唐大年曾作有《渠上谣》，

> 狮子山头空采茶，凤凰山下水难车。
> 李渠一夜生新水，乐煞渠边一万家。
> 渠上人家渠下田，田家作水向渠边。
> 衍水硕往熙熙来，怨煞干旱是去年。②

这首诗写出了水利工程给当地百姓带来的便利，“李渠一夜生新水，乐煞渠边一万家”反映了采茶人与种田人的喜悦。

笔者曾去宜春城里寻找李渠的遗迹，在古城楼附近发现

---

① 顾祖禹撰，贺次君、施和金点校：《读史方舆纪要》（卷八十七），北京：中华书局，2005 年，第 4042 页。

② 中国水利史典编委会编：《中国水利史典》（长江卷 1），北京：中国水利水电出版社，2015 年，第 672 页。

了被建筑物压在底层的河床，有哗哗作响的流水从砖石的缝隙中涌出。笔者母亲的老家是铅山县过去有“小苏州”之称的石塘镇，那里至今保留着对水资源的巧妙利用的水利资源——一条被称为“官圳”的人工水渠在镇内绕街过巷，从许多户人家门口经过，有的人家甚至引水进入院内乃至到厨房边，这就给洗衣做饭带来了极大的方便。

高岭裸露的瓷土

除了利用水资源外，前辈赣人对土资源的利用也充满智慧。这方面最令现代人感佩的是，竟然会想到将毫不起眼的瓷土烧制成代表中华文化的瓷器，通过一系列加工使平凡变为神奇。宋应星的《天工开物·陶埏》如此记载：

> 土出婺源、祁门二山。一名高梁山，出粳米土，其性坚硬；一名开化山，出糯米土，其性粢软。两土合之，瓷器即成。[1]

---

① 宋应星：《天工开物》，潘吉星译注，台北：台湾古籍出版有限公司，2004 年，第 204 页。

“高梁山”即浮梁县的高岭山，“高岭”（kaolin）一词如今成了全世界对瓷土的代称，这个名词代表了江西对世界文明的一个重要贡献。从《天工开物》中用“粳米”“糯米”等称呼瓷土来看，当时作业者的思维还未跳出农业劳动与稻作文化的窠臼。但他们的聪明之处在于通过自己的摸索，从至多至贱的山中之土中发现了瓷土，从司空见惯的山中之石中发现了釉石，然后将两者的功能结合起来，烧制出了具有高附加值的瓷器，这是了不起的生态智慧。

事实上，江西历史上发展得较好的产业，都是顺应自然因势利导的结果。景德镇一带“水土宜陶”，山上有高品位的瓷土矿与可供烧窑的松柴（松柴因含有松油，可达到较高温度，特别适宜于烧窑），人们便在那里发展陶瓷产业；万年县有悠久的稻作文化传统和适合水稻生长的土壤条件，那个地方就生产可以贡奉皇家的优质大米；铅山县竹林茂盛，水源丰富，当地人就利用水碓捣竹为浆，办起了大批造纸作坊。值得一提的是，铅山生产的连四纸（又称连史纸）纸质洁白如玉，细嫩绵密，永不变色，防虫耐热，有“寿纸千年”之称。《辞源》对这种纸有专门介绍：

> 旧时，凡贵重书籍、碑帖、契文、书画、扇面等多用之，产江西、福建，尤以江西铅山县所产为佳。[①]

明代的《十七史》就是用连四纸印刷的，用这种纸张印刷的图书可以传世。

---

① 《辞源》，北京：商务印书馆，1988年，第1663页。

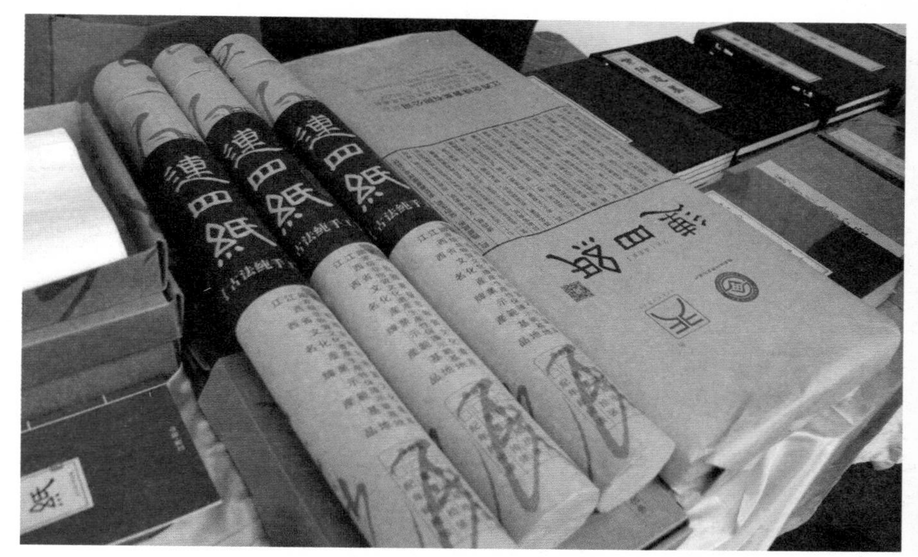

连四纸

在大力提倡发展生态经济的今天，我们特别需要借鉴这种“宜陶则陶”“宜稻则稻”“宜纸则纸”的产业选择思维，这是前人积累下来的极为宝贵的地域发展经验。

本章小结：

第一，变化莫测的赣鄱之水，使前人具有了独特且敏感的生态观以及对大自然的敬畏之情；第二，许真君的传说反映了江西人民战胜自然灾害的强烈愿望，万寿宫之所以成为赣鄱文化的象征，是因为许逊的伏波安澜体现出一种奋发进取的精神；第三，前人对自然既有斗争又有顺应，他们懂得如何化害为利，历史上有许多好的做法值得学习；第四，在产业选择与经济发展方面，我们特别需要借鉴前人因地制宜的生态智慧。

第四章　人口压力与生态保育

生态智慧主要涉及人与自然的关系。本书前三章偏重于讨论人类如何看待自然和利用自然，尚未涉及人类行为对自然造成的负面影响，本章着重讨论赣鄱地区的先贤们对这个问题的认识，以及他们在生态保育和减轻环境压力等方面的具体实践。

江西历史上的名人多如满天星斗，其中最明亮的星辰之一为明朝末年的奉新人宋应星。宋应星的《天工开物》被誉为17世纪中国科学技术的百科全书。百科全书是概要记述人类知识门类的工具书，有的只涉及某一具体门类，如医学百科全书；有的则是包罗万象的综合性百科全书。18世纪法国的启蒙思想家狄德罗编纂的《百科全书》，被誉为现代百科全书的奠基之作。编纂这样的大书意在通过宣传科学知识来为资产阶级革命和工业革命鸣锣开道。宋应星的《天工开物》问世之时，西方的工业革命尚未发生，《天工开物》是世界上第一部关于农业与手工业生产的综合性著作。在存世的古籍当中，这部著作保留的中国古代科技史料最为丰富，由此，可看出宋应星的历史地位。许多人也因《天工开物》而称宋应星为中国的狄德罗。

《天工开物》涉及的内容太过广泛，我们不妨从宋应星的一首“怜愚诗”说起。宋应星写过许多首“怜愚诗”，顾名思义，“怜愚”有对无知者的怜悯的意思，亦含有讥讽之意。《怜愚诗》第十四首写道：

> 一人两子算盘推，积到千年百万胎。
> 幼子无孙犹不瞑，争教杀运不重来！[①]

这首诗的意思是说：以一对夫妇生二子计算，到千年之后就有百万后代；有的人因为小儿子没有给他生孙子而死不瞑目，不达目的不肯罢休，像这样无休无止地生育下去，怎么不会给人类带来灭顶之灾！可以看出，宋应星在这里表达的是对人口盲目增长的担忧，如此不加节制的人口增长，势必超越自然环境的承载能力，给人类自身发展带来厄运。曾任北京大学校长的著名经济学家马寅初，20 世纪 50 年代就提出计划生育的思想，但在当时遭到批判，职务也被撤了。批判他的人将他与英国主张计划生育的经济学家马尔萨斯相提并论，称为“二马”（马寅初、马尔萨斯）。马尔萨斯的《人口论》出版于 1798 年，而宋应星的诗写于 1640 年，宋应星比马尔萨斯早一个半世纪看到人口按几何级数增加的可怕。

---

① 宋应星：《怜愚诗》其十四，载《宋应星佚著四种》，上海：上海人民出版社，1976 年，第 129 页。

所谓“杀运重来”，可以理解为若是人口过快增加，必然导致有限的环境资源被消耗殆尽，从而危及人类自身生存。在这方面，非洲人口爆发式增长带来的灾难足以引起我们的反思。多子多福思想至今仍在中国城乡弥漫，而300多年前的宋应星却对持这种想法的人不以为然，明确地表达了人类应当控制生育的远见卓识，实在是难能可贵！现在国家虽然已经全面放开一对夫妇可生育二胎的政策，但从总体和长远上来说，我们还是要维持人口和环境资源的适度平衡，不能不负责任地放任人口增长。就此而言，我们不能不佩服宋应星的先见之明。

在其他诗文著作中，宋应星还表达了“优生优育”的思想。他主张生了孩子就要好好教育，将他们培养成人，为社会作贡献，只求数量不求质量是愚蠢的。他还嘲讽一些人一天到晚琢磨风水，想着死后埋在什么地方对子孙有利，却不想好好活在世上，通过现世的努力来为儿孙谋福利。他还对卜算命相的生辰八字提出质疑，如《怜愚诗》第二十五首：

> 神州赤县海环瀛，同日同时万口生。
> 佣丐公卿齐出世，先生开卷细推评。[1]

诗中说，中国和全世界范围那么大，每天有那么多人同时出生，他们的命运到后来却各有不同——有的人在朝廷做

---

① 宋应星：《怜愚诗》其二十五，载《宋应星佚著四种》，上海：上海人民出版社，1976年，第133页。

大官，有的人在给人做帮工，有的人甚至沦落为乞丐，因此最后要问一下算命先生：凭什么说人的命运是由生辰八字注定？

正确的思想并非从天而降，宋应星对环境承载能力的担忧，来自江西当时的实际。虽然江西当时的人口不比现在多，但生产力水平无法与现在相比，所以人口对自然环境构成的压力相当之大。明代张瀚称江西“地产窄而生齿繁”，大批被称为“江右商”的江西移民“挟技艺以经营四方，至老死不归”，[1]意思就是说，江西产出有限而生育繁盛，人们因环境原因而离乡背井，靠做手艺或买卖远走他乡再不回来。宋应星的思想就是在这种背景下产生出来的。背井离乡虽然是一种无奈，但这也是对故乡生态的尊重，避免对家乡环境造成过大的负担，这也是生态智慧的一种体现。俗话说“树挪死，人挪活”，许多江西移民在省外甚至海外发展得很好。据明代史志与地方文献记载，丰城商人“浮海居夷，流落忘归者，十常四五”；琉球来朝贡时，其左长史朱辅竟然是饶州人；而缅甸“但有一聚落，其酋长头目无非抚人为之矣”。[2]本书第三章提到江西省外曾经有600多座万寿宫，那些万寿宫就是江西移民所建。除了具有江西会馆功能的万寿宫外，江西人在外省还建有其他名目的会馆，如南昌会馆、吉安会馆之类，光是北京，这类会馆就有20多座。

---

① 张瀚著、盛冬铃点校：《松窗梦语》卷四《商贾记》，北京：中华书局，1985年，第84页。

② 陈文华、陈荣华（主编）：《江西通史》，南昌：江西人民出版社，1999年，第508页。资料来源为《广志绎》卷四与《明史·外国传》卷三百二十三。

人口外迁说到底是由于环境不堪承载，人口压力来得越早，对环境的关注或者说环保意识也就萌发得越早。目前全国许多地方的生态面临严重挑战，太湖、巢湖、滇池和洞庭湖等著名湖泊都曾发生蓝藻爆发，许多水域都发生了富营养化，而鄱阳湖仍然保持着“一湖清水”，这种情况引起许多人惊叹与议论。为什么“众湖皆浊鄱独清”？从污染排放角度看，江西工业化进程较慢是一个根本原因；而从保护角度看，20 世纪 80 年代开始实施的“山江湖工程”发挥了重要作用。如前所述，江西全省是一个群山环抱、众水归湖的巨大盆地，在这个自成体系、相对独立的地理单元中，山脉、江河与湖泊共同构成了一个巨大的生态系统。“山—江—湖”这样的排列顺序代表了一种科学的生态观：山是源，水是流，湖是库，因此“治湖必先治江，治江必先治山”。只有把山林保护好了，山上流下来的水才能干净，最后流到湖里才会形成“一湖清水”。或者可以这样说：山青才能水秀，水秀才能湖清。在防止水土流失的过程中，一些地方在“治湖先治江，治江先治山”后面还加了两句话，那就是“治山先治穷，治穷先治愚”。这样一来便更有针对性了，因为“愚”和“穷”会导致人们到山上去乱垦乱伐，山上的绿色屏障遭受破坏，山下的江河湖泊便失去了保障，这是物质匮乏和观念落后造成的恶果。当年的“山江湖工程”为赣鄱大地的生态保育作出了巨大贡献，没有这一工程以及江西各地多年来坚持不懈的育林护林活动，就不会有今天我们看到的青山绿水。

“山江湖工程”显示出来的先知先觉，归根结底来自江西本土文化中对生态的珍惜与尊重。人口数量和经济活动的增加，从来就与保护山林环境之间存在着矛盾。早在南宋时期，江西官员给朝廷的奏疏就已提到“江西良田多占山冈”。[①]印证这一说法的是宋代诗人杨万里的一首诗，诗中的“大田耕尽却耕山”之句让人触目惊心：

> 小儿著鞭鞭土牛，学翁打春先打头……
>
> 大田耕尽却耕山，黄牛从此何时闲？[②]

这首诗是说，小孩子学着大人鞭打春牛，诗人为牛的命运发出叹息，因为它不但要耕田，还要耕山，也就是开垦新的山地。客观地说，唐宋时期的江西生态环境远未出现危机，水土流失现象并不严重。但是在山林被垦之初，这种现象就被记载下来，官员向上反映，诗人写入作品，这至少说明江西的有识之士很早就有善待环境的意识，对生态环境的变化非常敏感。

说到善待环境的意识，我们又要回到许逊的传说上来。江西科技师范大学章文焕教授是研究许逊传说与万寿宫文化的专家，他对该传说的结尾——“铁柱镇蛟”给出了极富冲击力的解释：许逊最终在南昌城南铸铁柱，象征树木；铁柱下面施放八根铁索，象征树根，因此铁柱镇蛟（或称铁树镇蛟）表达的意思，是用种植树木来抗御水旱灾害：

> 多少年来，人们还不了解他的宗教涵义。随着现代

---

① 徐松辑：《宋会要辑稿·食货》六一之二十，北京：中华书局，1957年，第5928页。

② 杨万里：《观小儿戏打春牛》，载杨万里著、周汝昌选注：《杨万里选集》，上海：上海古籍出版社，1962年，第101页。

南昌西山

科学实验证实，一株25年生的天然树，每小时能吸收150毫米降水，而22年生的人工水源树每小时吸收300毫米降水。一公顷树木蓄水量是300立方米，为无林地的20倍。3000公顷森林蓄水量相当一个容量100万立方米的水库。这就是许真君铁柱镇蛟或铁树锁蛟的秘密。许真君谶语有“天下大乱，此地无忧；天下大旱，此地薄收”。不就是植树造林，保护生态，涵蓄水源，根治洪旱的科学箴言么？它正针对了江西水旱频繁的自然地理特征而提出的有效对策，是人类保护生态环境的

光辉思想。[1]

从这个角度看，许逊锁蛟擒龙故事向后人传递的信息，就是尽量植树造林，用覆盖地面的植被和扎入地底下的树木根须来吸收降水，以涵养水源和保育土壤，防止发生水土流失。树木吸水的原理在于树木内部有特殊的管道，这种管道通过水分子之间的内聚力以及水分子与木质管道之间的附着力，再加上蒸腾作用和根压，得以把水从地下吸收到树木的

① 章文焕：《万寿宫》，北京：华夏出版社，2004 年，第 277 页。

枝干树叶里面来，因此一棵树就像是一个吸水器与储水器。古人把金、木、水、火、土归纳为五行，五行有相生一面，又有相克的一面，这里体现的就是“木克土”的道理。蛟龙之类皆为人类受水患危害而产生的艺术想象，它们代表的是洪水灾害。对付这种灾害最好的办法，就是利用植被将过多的水蓄养起来，防止水土流失。本书第一章提到的“清涨”，就是从树木枝干与根须中释放出来的绿色山洪，这种现象告诉我们树木的蓄水量是多么巨大。

除了防止水土流失，“木克土”还表现为防风治沙。据地方文献《星子县志》记载，清代雍正八年，南康府知府董文伟在疏浚蓼华池（属星子县，星子县现为庐山市）的同时，首先采用了植物治沙的方法，这种方法对当地的土壤保育起到了良好的效果。当时蓼华池屡屡发生狂风扬沙现象，导致草木不生，连耕地都被流沙淹没。董文伟采取的方法，一是先疏通池水，二是在沙山上遍种蔓荆之类植物，三是禁止人们采撷这些植物。结果数年之后，蔓荆之类植物漫山遍野，枝叶藤罗织成的大网罩住了沙山：

> 蓼池左近，原皆柴草木山林。其沙系外湖冬涸，狂风扬而集，日积月增，山头沙均数尺，或深及丈余，致草木不能生发。唯蔓荆一种可生于沙，蔓密则山头之沙不能起，诚为良法。[1]

---

① （清）《中国方志丛书·华中地方（第834号）·江西省星子县志》，台北：成文出版社，1996年，同治十年刊本影印本，第254页。

鄱阳湖周边的沙山

如今鄱阳湖周边地区还有大片沙山，这是由于千万年来江河流水的运动，将大量沙土运到下游和湖区。处在赣江下游的南昌也有高高隆起的沙丘，历史上的“豫章八景”之一就有“十里龙沙”，唐代诗人孟浩然在这里写下了“龙沙豫章北，九日挂帆过”[①]之句；南昌市新建区（原新建县）厚田乡还有沙漠化土地13万亩，号称“江南第一沙漠”。用植物的根系来固沙治沙，在今天恐怕还是改善土壤、绿化环境、调节气温、防止水土流失的最佳途径。笔者曾多次去九江市都昌县，那里有沙山面积4.5万亩，其中多宝乡有3万亩。这个地方处于湖区风口位置，风起时沙土吞噬良田、毁坏植

① 孟浩然:《九日龙沙寄刘大》，载《孟浩然诗选》，郑州:中州古籍出版社，2015年，第102页。

被。下半年刮北风时，村民出门风沙迷眼，家里灶台上总蒙上一层灰。前些年，“山江湖工程”项目组专家经过调研，筛选出湿地松、蔓荆子、沙棘、香根草等50多种适应沙化土地的先锋物种，现在万亩沙山已经披上绿装，这是对历史上生态智慧的最好继承与发展。

树木不但能防治洪灾与水土流失，在净化空气方面也可以发挥非常积极的作用。如今，人们都对日益严重的雾霾天气忧心忡忡，每天起床后除了想知道天气如何之外，关注的一大焦点是空气中的PM2.5（细颗粒物）指数。有关部门也在研究如何降低PM2.5的排放，但完全不排放是不可能的，因为目前不可能做到把工厂都关闭，也没法让汽车都不上路，因此在控制排放的同时，还应考虑如何减少PM2.5对人体的影响。据专家研究，PM2.5的运动是漫无目的的，但当其接近树叶时，由于叶片表面粗糙、表皮毛丰富，再加上所分泌的一些黏性物，叶片可以成功地将细小的颗粒物吸附在表面，甚至将一部分PM2.5吸纳到叶片气孔内部。到了下雨的时候，这些颗粒物就被冲刷到地面上，避免了其通过空气进入人体构成危害。现在许多人都喜欢在户外运动，尤其爱在风景优美、植被丰茂之处骑车和散步，只要进入树木丛中，我们便会感觉到空气较其他地方更为清爽。这种感觉告诉我们，在雾霾对人类影响日益扩大的今天，绿色植物仍然是庇护我们不受污染侵害的坚强屏障。

由于对树木的益处早有认识，所以江西人特别爱种树，而在诸多树木当中，江西人又特别爱种樟树。在鄱阳湖地区，人们到处都能见到茂密繁盛的樟树林。为什么樟树在江西生长得如此郁郁葱葱？除了自然条件之外，或许还是因为生活在这方土地上的人对樟树怀有一种特殊的感情。[①] 笔者去过不少樟树林，其中泰和麻州的金滩古樟林给我留下难忘的印象。那是临近赣江边的一块湿地，面积有300多亩，摄影爱好者称其为“养在深闺人未识”的绝世秘境。为什么金滩有如此之多的樟树？原因是附近村庄有这样的习惯：凡是在科举考试中得中进士举人者，都要在滩地上种下樟树，如此一来这片林子便越来越大。用植树来纪念功名，无形中优化了当地的生态环境，这不失为一种优良传统。

去过“中国最美乡村”婺源县的人都应该知道，那里的森林覆盖率达到81.5%，其中樟树林就是一道颇为引人注目的靓丽风景。始建于公元787年的晓起村中保留了千余株古樟树，以及罕见的大叶红楠木树和国家一级保护植物江南红豆杉。这种天人合一的自然环境，使晓起村具有一种令人陶醉的生态韵味。像晓起村这样的村庄，在婺源到处可见，如李坑、江湾、汪口、理坑等村莫不如此。虽然这些村庄各有特色，但有一点是共同的，就是每个村庄都有樟树林，许多村口都有被称为“樟树爷爷”的古老樟树。婺源人自古至今都秉承一种信仰，这便是对樟树的崇拜，我们可以从中读出对自然的敬畏。婺源人认为“樟树爷爷”可以保佑人们幸福安康，带来子孙满堂，所以在村前屋后都种植樟树。婺源江

① 据何光岳解释，居住于华北漳河流域的章人在商代中叶南迁至湖北一带，与当地的越人结合成越章族，后来一些不愿臣服于楚的越章人再南迁至江西、浙江和福建等地，于是就有了这些地方的豫章、樟树、章江、漳江、句章、漳州、漳平和漳浦等地名。用章人南下这一史实，或可解释这种“山也章，水也章，城也章，村也章，路也章，树也章”的现象。何光岳：《百越源流史》，南昌：江西教育出版社，1989年，第85、322页。

婺源山村

湾人对栽满树木的后龙山敬若神灵，历代都加以保护，而且立下规矩，明令刀斧不得入山，每逢初五和十五，村里还要派专人鸣锣巡山。当地还有许多关于保护山林的传说，其中“杀子封山”的故事最令人动容：江湾十八世祖江绍武管理后龙山铁面无私，一次他的儿子违规上山砍柴被护林人捉住。为了严格执行禁令，也为了起到杀一儆百的作用，江绍武将自己的儿子五花大绑游街示众，然后将其当众处死。这个故事的真实性或许值得推敲，但此后数百年间无人敢动后龙山上的树木却是事实，那里的植被至今保护得十分完好。除了江湾之外，婺源还有不少村庄具有这种自觉的环境保护意识，软性的文化在这里发展成了一种带有约束性的刚性制度。汪口村“乡约所”内至今仍能看到清代乾隆五十年至五十一年关于严禁盗砍“向山”的风水林的碑文（向山位于汪口村附近）。用今天的眼光看，江湾人、汪口人对后龙山和向山的保护措施，其实就带有现代自然保护区的性质。

本章小结：

第一，在人口对环境的压力之下，赣鄱文化中很早就萌发了人类不应当盲目生育的宝贵思想；第二，由于善待自然的意识萌发较早，江西的环保行动开展得也相对比较早，“山江湖工程”和江西各地多年来坚持不懈的植树造林活动，延续了本土文化中生态保育的优良传统；第三，许逊的传说中隐藏着用树木植被来防止水患的生态秘诀，我们要吸收和发展前人的生态智慧，坚持造林、育林、护林，充分发挥绿色长城对空气、土壤和环境的庇护作用。

第五章　资源节约与务实发展

本章将着重讨论大家耳熟能详的“可持续发展”问题。要了解什么是“可持续发展”，必须先知道它的反面：不可持续的发展就是资源被耗尽，环境被污染，发展赖以支撑的要素遭到毁灭性的破坏。这种难以为继的发展模式，显然是不可取的。目前国家大力提倡“资源节约型”与“环境友好型”的地区发展模式，就是为了贯彻科学发展观精神，实现一代接一代的永续发展，做到上对得起祖宗，下对得起后代。在这方面，赣鄱文化同样可以给我们启示。

之前的章节提到佛教的禅宗。禅宗是中晚唐之后汉传佛教的主流，佛教从印度传到中国后之所以能够实现中国化，与禅宗的洪州宗大有关系。洪州即南昌，包括现在的南昌市及南昌周边一些县区。对于佛教中国化的历史，人们习惯用“马祖建道场，百丈立清规”来概括。所谓“马祖建道场”，指的是住在洪州的马祖道一开创了洪州宗。现在南昌城里

南昌市佑民寺

的佑民寺就是马祖道一当年的道场，据说当年规模非常之大，寺院的前门开在今天的中山路上，后门到了赣江边，所以历史上有“打马关山门”之说，意思是寺院占的范围太大，需要骑马才来得及在天黑前关闭一个个山门。而“百丈立清规”指的是马祖的徒弟百丈怀海，在南昌附近的奉新县百丈山修行（前面提到，禅宗大师的名字前往往冠以江西的山名），制订了“禅门清规”（或称“百丈清规”），其主要内容就是后世奉为圭臬的“农禅并重”制度。所谓“农禅并重”，指的是对农业生产和禅学修炼予以同样的重视，和尚也要参加农业劳动。此项规则的制定，一举改变了僧人不事劳作，只知沿门托钵、乞求布施的旧俗。化斋就是乞讨，靠别人施舍过活，因此过去的和尚见人就称“施主”。但是也有不靠别人施舍的和尚，禅宗就主张自食其力，不过那种不劳而获的生活。不妨设想一下：如果总是靠别人施舍度日，一旦别人不愿意施舍了，或者因为天灾人祸的原因施主无法施舍了，佛门子弟如何生存下去？佛教内部一直是宗派林立，许多宗派当年可谓轰轰烈烈、人多势众。《西游记》里唐僧的原型为唐代赴印度取经的玄奘法师，他开创的法相唯识宗在当时是非常显要的佛门宗派，但这类宗派到后来大多后继乏人，不能顺利地实现薪火传承，反让后起的禅宗占据了主流位置。这里面固然有许多原因，但禅宗之外的其他宗派无法自供自给，不能自食其力，是一大关键因素。禅宗的寺庙大多远离城市与经济中心，受战乱、灾害和瘟疫的影响相对较小。中国历史上发生过许多次“灭佛”“抑佛”活动，那些位于城市和经济中心区域的寺庙在灾变发生时来不及逃离，而禅宗许多寺庙隐藏在深山老林之中，其所在地就像是受到大自然庇护的“桃花源”，那些毁灭性的打击一下子落不到它们头上。怀海的大智慧使得禅宗凭借自耕自养实现了不断的传承和发展，避免了其他宗派因供养不济而消歇的命运。从这件事也可以看出，制定规则十分重要，好的规则制定者往往是有远见的大智慧之人。

江西的僧人参加农业劳动的历史可以追溯得更早。西晋永嘉元年（公元 307 年），临川白云寺僧郁林就带领僧人在寺院周围的山岭上垦荒，种植油茶树上千株，这一举动开僧人从事劳作之先河。而怀海的贡献在于将参加生产劳动制度化，他把“出坡”（佛教中用以指农业劳动的专门术语，也称“普请”）变成了修行人的例行功课。“出坡”要住持带头为众僧表率，怀海在百丈山时“作务执劳，必先于众”——干起农活来比徒弟们还来劲。他的徒弟看他年纪大了，心中有些不忍，便把他的农具藏匿起来。他却说："你们不让我劳动，那我一天不劳动就一天不进饮食！"这就是"一日不作，一日不食"故事的由来：

> 师凡作务执劳，必先于众，主者不忍，密收作具而请息之。师曰："吾无德，争合劳于人。"即遍求作具不获，而亦忘食，故有"一日不作，一日不食"之语流播寰宇矣。[①]

"一日不作，一日不食"的背后，是"不劳动者不得食"的朴素思想。这种思想与行为，与今天某些炫富人士的好逸恶劳、糟蹋粮食和挥霍资源，形成多么鲜明的对比！据粗略统计，我们国家每年浪费的粮食足够养活两亿人，价值在 1000 亿元以上。笔者现在有时去学校的食堂用餐，发现浪费现象仍然比较严重，许多人忘记了"谁知盘中餐，粒粒皆辛苦"这个基本道理。若是让那些大手大脚挥霍无度的人参加半年几个月的劳动，亲眼看看粮食生产出来是多么不容易，他们的态度也许会有所改变。人类靠自己的劳动生产出粮食，靠粮食来维持自己的生命，怀海把"作"和"食"紧紧地联系在一起，体现出对天地万物和人类劳动的高度尊重，这既

---

① 《汉语大词典》记载此段话出自《景德传灯录·百丈怀海禅师》。汉语大词典编纂处编：《汉语大词典》（普及本）上海：上海辞书出版社，2012 年，第 2 页。怀海制定的《丛林要则二十条》包含了许多处世智慧，佛门之外的人士也能从中获得不少启迪："丛林以无事为兴盛，修行以念佛为稳当，/精进以持戒为第一，疾病以减食为汤药，/烦恼以忍辱为菩提，是非以不辩为解脱，/留众以老成为真情，执事以尽心为有功，/语言以减少为直截，长幼以慈和为进德，/学问以勤习为入门，因果以明白为无过，/老死以无常为警策，佛事以精严为切实，/待客以至诚为供养，山门以耆旧为庄严，/凡事以预立为不劳，处众以谦恭为有礼，/遇险以不乱为定力，济物以慈悲为根本。"

云居山僧众劳作场面

是禅宗僧人奉行的清规，也是所有在地球上生活的人都应该遵循的道德原则，是一种为人在世的最起码“功德”。云居山的真如禅寺有“模范丛林”（“丛林”可指僧人聚居之处，即寺院）之称，笔者去那儿的斋堂吃过几顿斋饭，那里的规矩是盘子里一点剩饭剩菜也不许留下，必须吃得干干净净。有的人吃完之后还会倒上一点开水，把盘子里的油屑也喝下去，这可谓是真正的“光盘”行动。除了怀海之外，禅宗的高僧留下过不少参加劳动的佳话，人们常说的有石霜筛米、云严作鞋、云门担米、玄沙砍柴、黄檗开田择菜、沩山摘茶合酱、临济栽松锄地、仰山牧牛开荒和雪峰斫槽蒸饭，等等，这些几乎囊括了所有的日常劳动。唐朝布袋和尚有首偈语：

> 手把青秧插满田，低头便见水中天，
> 心地清净方为道，退步原来是向前。

没有亲身经历的人，写不出这种诗句，从未下过田的人不可能知道插秧是一边插一边往后退步，更不可能从这种具体的农业劳动中悟出深刻的人生哲理。直到今天，江西寺庙中，许多僧人还在按百丈清规行事。真如禅寺的僧人至今仍坚持禅修耕作两不误，笔者亲眼看到他们参加生产劳动。这座寺院会被佛教协会评为“样板丛林”不是没有道理的。

禅宗的“农禅并重”和“一日不作，一日不食”，让我们看到了中国佛教向世俗化方向发展的趋势。僧人不是不食人间烟火的天上神仙，百丈清规体现了一种务实发展的精神，而这种精神本身就是由赣鄱文化而来，存在于赣鄱文化的悠久传统之中。早在怀海之前，归返田园的陶渊明就过上了“资源节约型”与“环境友好型”的生活。他在吟咏田园风光之余，从未吝惜对农业劳动的赞美，如他的《归园田居》中的：

> 种豆南山下，草盛豆苗稀。
> 晨兴理荒秽，带月荷锄归。[①]

躬耕田陇在陶渊明笔下焕发出动人的诗意光辉。但是与此同时，读者也可以注意到陶渊明并没有刻意回避生产劳动的辛苦一面——诗中的“草盛豆苗稀”告诉我们锄草要花很多时间，所以诗人一早出工，到月亮出来才扛着锄头回家。在陶渊明的另一首诗《庚戌岁九月中于西田获早稻》中，陶渊明把“不劳动者不得食”的道理说得更为清楚：

---

① 陶渊明：《归园田居》，载曹明纲撰：《陶渊明谢灵运鲍照诗文选评》，上海：上海古籍出版社，2011 年，第 29 页。

山间梯田上的农业劳作

人生归有道，衣食固其端。
孰是都不营，而以求自安？
开春理常业，岁功聊可观。
晨出肆微勤，日入负耒还。
山中饶霜露，风气亦先寒。
田家岂不苦，弗获辞此难。[①]

诗中讲的道理就是：穿衣吃饭是人类生存的最起码条件，如果这两件大事都不管，人是无法求得“自安”的；接下来的诗句中，再次出现对早出晚归的农业劳动的描述——

① 陶渊明：《庚戌岁九月中于西田获早稻》，载曹明纲撰：《陶渊明谢灵运鲍照诗文选评》，上海：上海古籍出版社，2011 年，第 43 页。

“晨出肆微勤，日入负耒还”（大清早出门干活，日落扛着农具回家）。这不由让人想起恩格斯的《在马克思墓前的讲话》:

> 马克思发现了人类历史的发展规律，即历来为繁茂芜杂的意识形态所掩盖着的一个事实：人们首先必须吃、喝、住、穿，然后才能从事政治、科学、艺术、宗教等等。所以，直接的物质的生活资料的生产，因而一个民族或一个时代的一定的经济发展阶段，便构成为基础；人们的国家制度，法的观念，艺术以至宗教观念，就是从这个基础上发展起来的。因而，也必须由这个基础来解释，而不是像过去那样做得相反。[①]

恩格斯指明了物质生产是精神生产的基础，尽管陶渊明没有用理论语言来说出这一点，但我们能从诗中看出他是懂得这个道理的：无衣无食，生存都有问题，还谈什么其他？种田哪能不苦呢（“田家岂不苦”），但不劳动不得食啊（“弗获辞此难”）。所以我们的先辈们会说“民以食为天”和“民以衣食为本”。

如果说怀海的百丈清规强调“农禅并重”，那么陶渊明的人生实践则是“耕读并重”。陶渊明的诗文不仅歌颂田园风光，而且还歌颂劳动之美，我们能从中读出“工作着是美丽的”“劳动着是美丽的”等思想。陶渊明在诗歌美学史上开拓出的劳动之美，与田园之美一道构成乡村生活的魅力所在。

---

① 恩格斯：《在马克思墓前的讲话》，载《马克思恩格斯选集》（第3卷），北京：人民出版社，1972年，第574页。

后世倾慕、效仿陶渊明的人为什么如此之多，就是因为这种耕读并重的生活方式，让他们可以在广袤大地上寻求到灵魂与肉体的双重安顿。过去在教育上有过“教育与生产劳动相结合”等主张，江西的耕读传统其实就是教育与生产劳动相结合的做法。作为陶渊明的故乡，赣鄱大地的耕读之风一直强劲不衰。过去对江西人有个说法是“一会读书，二会养猪”，这一说法绝对不带贬义，类似的表述还有“富不丢猪，穷不丢书”等，这些是对“能耕会读”“亦耕亦读”的一种极为生动幽默的概括。只有四体不勤、五谷不分的人才不懂生猪饲养对农业生产的重要性。汉字“家”的构形，上面的部件是家，下面的部件是“豕”，这说明养猪对过去的家庭来说有多么重要。

说到家畜与人的关系，我们不妨再来看晚唐诗人王驾脍炙人口的《社日》：

> 鹅湖山下稻粱肥，豚栅鸡栖半掩扉。
> 桑柘影斜春社散，家家扶得醉人归。[1]

诗中第二句开头的“豚栅”就是猪圈，诗人先写“鹅湖山下稻粱肥”，因为稻谷生产是农业中的主业，然后就写到猪圈，用它引领出呈现在读者面前的种种乡村景观；接下来出现的还有“鸡栖”“半掩扉”“桑柘”；而它们的主人到最后一句才醉熏熏地登场（“家家扶得醉人归”）。从生态角度重读这

---

① 王驾：《社日》，载周振甫主编：《唐诗宋词元曲全集》（第13册），合肥：黄山书社，1999年，第5116页。

春季采茶

首诗，可以说这是一曲反映春到鹅湖的农家乐，全诗只有寥寥 28 个字，但稻作、养殖、蚕桑、酿酒以及春社活动的情况尽在其中，体现了农耕经济时代人与环境的高度和谐。王驾诗名远远不如同期的李商隐与杜牧，但就是凭着这幅充满生态意趣的赣地风俗图，他在星光灿烂的唐代诗歌史上拥有了自己的一席之地。

与“农禅并重”“亦耕亦读”相呼应的,还有“亦茶亦艺”的采茶戏。采茶戏脱胎于采茶劳动中的自然放歌，江西采茶戏有赣北、赣南、赣中之分，这些地方都是茶业生产的重镇。如景德镇旁边的浮梁（古时候的浮梁县比现在的大得多），自古茶叶就和瓷器一样有名。白居易《琵琶行》中有“商人重利轻别离，前月浮梁买茶去”之句，至今省内的许多单位也经常去那里采购新茶。清初查慎行在《昌江竹枝词》这样描述采茶歌的发生：

在田间地头表演的武宁打鼓歌表达了劳动人民对农田劳作的热爱

浮梁窑户有千家，瓷器精粗集水涯，

小女携筐唱歌去，随娘试手摘春芽。[①]

这里不但写到了采茶歌舞与采茶劳动的密切关系，还让我们看到茶总是与瓷器相伴——码头上的瓷器或精或粗，都在水边聚集（“瓷器精粗集水涯”）。与采茶戏相似，许多江西的民间传说都散发出浓烈的生产劳动气息。全世界广泛传播的羽衣仙女故事在江西发祥（《搜神记》记录的豫章新喻县“毛衣女”故事被认为是该类型故事的最早记录）。故事中天上的仙女飞来田里的池塘洗浴，被正在田里劳动的男子看到，这名偷窥的男子拿走其中一位仙女脱下的“羽衣”，两人因此结

① 查慎行：《昌江竹枝词》，载潘超等编：《中华竹枝词全编》（第5卷），北京：北京出版社，2007年，第309页。

为夫妻。[①]另一个广泛传播的故事为“云中落绣鞋”。故事中一阵妖风夺去男子之妻，男子愤而将砍柴的斧头劈向空中的妖怪，结果云中落下一只绣花鞋（鄱阳湖上的鞋山与这个传说有关）。男子沿着地面上滴落的妖怪血迹一路寻找，最后发现了妖怪躲藏的山洞。[②]这两个故事和采茶戏一样，都是艺术起源于生产劳动的范例。把它们和前面讲述的怀海与陶渊明放在一起，可以看到赣鄱文化中，不管是宗教还是文学艺术，都和生产劳动有密切关系。

以上三端（宗教、艺术与民间传说）与生产劳动的密切联系，凸显出赣鄱文化脚踏实地、注重实务的价值取向。江西丰饶的物产来自人的辛勤劳动，这里的人民表现出对生产劳动和实业实务的极度重视，正是由于这种价值观，“贵五谷而贱金玉”成为《天工开物》的一条重要编写原则。全书以《乃粒》开始，以《珠玉》殿后——如此编排是因为“民以食为天”。《乃粒》讲的是粮食生产，所以一定要放在最前面；至于金银珠玉，则是锦上添花的东西，与国计民生的关系不像粮食那么密切，故被作者置于书末。宋应星还把自己的书斋命名为“家食之问堂”。“家食之问”出自《易经·大畜》，意思是研究在家自食其力的学问，这说明他看重的是实用有益的学问。从《天工开物》的内容来看，与衣食相关的章节描述得最为详细，篇幅占全书的一半以上，其次是金工、陶瓷、造纸、

① 傅修延：《羽衣仙女与赣文化》，载傅修延：《赣文化论稿》，南昌：江西教育出版社，2004年。有关内容参看本书后记。

② 丁乃通：《云中落绣鞋——中国及其邻国的AT301型故事群在世界传统中的意义》，载丁乃通：《中西叙事文学比较研究》，陈建宪等译，华中师范大学民间文学教研室编，武汉：华中师范大学出版社，1994年。

车船等。按理说还应有一章讲漆器，也许是作者认为不切实用，所以付之厥如。在具体论述中，宋应星主张必须经过实实在在的研究，才能著书立说，反对只凭想象的理论空谈。如谈到火药制作时，他说："火药、火器，今时妄想进身博官者，人人张目而道，著书以献，未必尽由试验。"[①] 他自己的论述就是建立在亲历亲为的基础之上，这已经具备了近代科学注重实证和实验的精神。

宋应星的财富观也值得一提："夫财者，天生地宜，而人功运旋而出者也。"他的意思是财富蕴藏在自然资源之中，需要人类用劳动将其创造出来。他在《野议·民财议》中如此写道：

> 财之为言，乃通指百货，非专言阿堵也。今天下何尝少白金哉？所少者，田之五谷、山林之木、墙下之桑、洿池之鱼耳。有饶数物者于此，白镪、黄金可以疾呼而至，腰缠箧盛而来贸者必相踵也。[②]

这段话的大意是：鱼米、木材、桑麻是真正的财富，"财"并不专指货币（即"阿堵"），人们真正需要的不是黄金白银，而是用它们来购买的实用物质。有了这些东西，黄金白银说来就来，因为人们一定会拿钱来购买它们。宋应星提出此观点的139年之后，英国古典政治经济学家亚当·斯密重复了宋

① 宋应星：《天工开物》，潘吉星译注，台北：台湾古籍出版有限公司，2004年，第354页。

② 宋应星：《野议·民财议》，载《宋应星佚著四种》，上海：上海人民出版社，1976年，第9页。

应星的观点，他在《国富论》中说道，货币不等于财富，财富来自人的劳动，是一个国家的国民每年消费的一切生活必需品和便利品。《国富论》被认为是西方经济思想史上具有里程碑意义的著作，而宋应星却在更早的时候就已提出了劳动创造财富的思想。赣鄱先贤思想的敏锐与伟大，只有放在全人类的进程中，比较同类思想发生的早晚，才能充分显示出来。21 世纪以来，美国华尔街发生的次贷危机以及由其引发的金融危机，提供的教训是极其深刻的。宋运星说财富是“人功运旋而出者”——财富不是钞票或金银，而是田里的五谷、池塘里的鱼和墙边的桑树，这话就像是针对当前那些忽视实业、忽视实体经济的人所说。这些人一心只想“空手套白狼”，结果只会遭受到经济规律的无情惩罚。

本章小结：

第一，赣鄱文化一贯讲究节约资源以及与环境友好相处，这种生态观与当前提倡的建设“两型社会”（“资源节约型”与“环境友好型”社会）高度契合；第二，百丈怀海的“一日不作，一日不食”体现出对天地万物与人类劳动的尊重，这与今天某些人的好逸恶劳、糟蹋粮食形成鲜明对照；第三，赣鄱文化中劳动创造财富，务实方能长远的思想，对于今天的可持续发展也有巨大的启示作用；第四，体现在《天工开物》的“贵五谷而贱金玉”的价值观，提醒世人注意，发展一定要切合国计民生的实际。

第六章 生态智慧与美丽中国

本书的前五章，让我们对赣鄱文化的生态智慧有了一定认识。在之前的章节中，以回归大地、敬畏自然、顺应环境、生态保育、节约资源、务实发展等六个方面为主题，涉及了人类对大自然应当怀有怎样的情感，应当以怎样的态度来对待和利用大自然，大自然能在哪些方面造福人类，怎样在尽量不增加环境负担的情况下实现有利于人类自身的长远发展等问题。一滴水可以映出太阳的光辉，赣鄱文化的生态智慧，从侧面反映了中华民族天人合一、厚德载物的精神。天人合一与厚德载物在中国是广泛被接受的概念，如果把天人合一中的"天"理解成前面反复提到的大自然，那么"天人合一"就是人与大自然本是一体，人也是大自然的一部分；如果再把"厚德载物"中的"物"与《天工开物》中的"物"相联系，把"物"理解成前人无比珍惜不肯轻易浪费的物质资源与物质财富，那么我们对“天人合一”“厚德载物”这两个概念的理解就更加丰富而具体了。

本书第一章以“金木水火土”为线索介绍了鄱阳湖流域过去的发展成就，为了进一步作出说明，我们不妨再来看看一些学者是怎样评价江西的。20 世纪有位著名的学者型记者曹聚仁，因见多识广走遍天下而被称为“20 世纪的徐霞客”。他说“在农业手工业社会，鄱阳湖盆地显然居于最重要的地位”：

中国的陶瓷器，到了唐宋，已经进步到手工业的顶峰；北宋的定窑（在河北定县），出口已经十分精细。南宋以后，瓷器就移到鄱阳湖盆地来。说起来，浮梁（景德镇）是瓷都，其实星子、祁门的泥土，配上了浮梁的釉，这样才完成了瓷器的体系，而沿着信江及鄱阳湖东岸，都是陶器的世界。代表近代中国文明的印刷（刻板及活字），鄱阳湖南边的浒湾（属抚州），就是刻板的中心地区之一。江西省内的四大镇，浮梁系瓷都，其他三镇，河口

景德镇瑶里镇宋代龙窑遗址

景德镇宋代白瓷斗笠碗

> 镇系米粮中心，樟树镇系药物中心，吴镇（即吴城镇）系木材中心；在农业手工业社会，鄱阳湖盆地显然居于最重要的地位。那位写手工业技术经典——《天工开物》的宋应星，他便是江西人。[①]

曹聚仁不但点出了江西的四大名镇（景德镇、河口、樟树与吴城）分别是瓷器、米粮、药物、木材中心，他还从移民、戏曲和学术思想传播的角度，称赞江西人对中国文化乃至世界文化的贡献，并以汤显祖等伟大人物为例，说鄱阳湖盆地是“孕育近代中国戏曲的摇篮”和“近代中国文化的摇篮”。不仅如此，在看到有不少文化名人出自鄱阳湖流域时，他发出了这样的感叹：

> 笔者在赣东巡游时期，曾经到过朱（熹）、陆（九渊）

① 曹聚仁：《万里行记》，北京：三联书店，2000年，第284页。

论道的鹅湖，也曾到过道教圣地（张天师家乡）龙虎山，前年又到了朱熹讲道的白鹿洞，王阳明证道的天池。当年也曾到陆九渊的家乡金溪，王安石的家乡临川，洪迈的家乡鄱阳。原来，一部近代中国思想史，正是一部鄱阳湖盆地文化发展史。①

把“一部近代中国思想史”说成是“一部鄱阳湖盆地文化发展史”，表明后者在他心目中成了前者的代表，这个评价可谓非常之高！但曹聚仁有个小小的疏忽，他在提到铅山县的河口镇是米粮中心时，没有提及铅山县的造纸业也十分重要。著名历史学家翦伯赞在《中国史纲要》一书中，提到江南的五大手工业区域，明确指出铅山是以造纸业闻名：

在这里（江南地区），已经形成为五大手工业的区域，即松江的棉纺织业、苏杭二州的丝织业、芜湖的浆染业、铅山的造纸业和景德镇的制瓷业。②

景德镇和铅山分别属于饶河和信江流域，江南五大手工业区域中，竟然有两处属于鄱阳湖流域，这说明在明代中国的手工业格局中，江西具有举足轻重的地位与影响。

曹聚仁和翦伯赞的评价，让我们看到了江西在中国历史上的地位，但发展不可能完全避免污染。前文提到的殷弘绪书信中，有对18世纪初景德镇城市面貌的负面描述：这座城

① 曹聚仁：《万里行记》，北京：三联书店，2000年，第286页。

② 翦伯赞：《中国史纲要》（增订本），北京：北京大学出版社，2006年，第513页。

一百多年前的景德镇

市的人口似乎有一百万之多，每天消耗一万多担大米和一千多头猪，过去有三百座窑，后来窑的数量达到三千座，因此火灾屡发不足为奇，不久前就有八百间房子被烧毁；如果乘船从水路来景德镇，会看到袅袅上升的火焰和烟气构成了这座城市的轮廓，到了晚上它就像是被火焰包围着的一座巨城，人们上岸后会发现到处都是陶瓷的残片。[①] 这一描述给人的印象是景德镇的陶瓷生产可能难以为继，一是这座城市可能毁于火灾，二是城市附近的松柴会被全部砍光，三是废弃的瓷渣会将城市淹没。然而作为后人的我们看到的却是另一种情况：景德镇这座城市并没有像人们担心的那样毁于窑火，许多老房屋依然健在，大量废窑砖和碎瓷片被用来铺路、砌岸和垒墙。更重要的是城市周围的山林保持着良好的生长状态，一点儿都不比其他地方的山林逊色，这是因为烧瓷用的窑柴被限定为昌江两岸轮栽轮伐的松树，20 年一个轮回，伐了之

---

① 引自耶稣会传教士昂特雷科莱（殷弘绪）1712 年 9 月 1 日于饶州致中国和印度传教会会计奥日神父的信件。

后必须再种。同时，为了保护本地环境，景德镇人还不断扩大瓷土与松柴的采集范围，通过水运到更远的地方去砍柴取土，这样就使本地资源负担降低到了可以承受的程度，从而建立起了一种可持续的发展模式。今天的鄱阳湖东北岸仍旧是长江中下游的一小片“绿肺”，这里“绿”的纯净程度并不亚于江西其他地方，这就是前人的生态智慧结出的硕果。

景德镇是江西四大名镇之一，其他三大名镇也是同样的情况，鄱阳湖流域的“金都”“木都”“水都”“火都”和“土都”，大多没有给子孙后代留下后患。人贵有感恩之心，今人在汲取前人的生态智慧时，也应该怀有感恩的心情。前人不仅给今人留下鄱阳湖这一湖清水，还留下了他们与大自然打交道的经验。生态启迪在某种程度上比“一湖清水”更为宝贵，因为智慧是无价的财富，这种智慧可以指引我们再造辉煌，实现可持续、可承受的发展，建设党的十八大和十九大报告中都提到的“美丽中国”。

优美的生态环境是“美丽中国”的题中应有之义，江西目前正在进行的生态文明建设正是以此为战略目标。2009 年国务院批复的鄱阳湖生态经济区规划，是江西省有史以来第一个上升为国家战略的国字号工程；2014 年国家发改委等部门正式批复了江西省生态文明先行示范区的建设实施方案，这意味着江西全境都进入了国家相关战略之中；2017 年中共中央办公厅、国务院办公厅印发的《国家生态文明试验区（江西）实施方案》，又把江西推到了生态文明改革创新和制度探索的新高度。2016 年习近平在视察江西时强调：绿色生态是江西的最大财富、最大优势、最大品牌，一定要保护好，做好治山理水、显山露水的文章，走出一条经济发展和生态文

鄱阳湖地区改造沙地

明水平提高相辅相成、相得益彰的路子，打造美丽中国“江西样板”。[1] 按照这一要求，江西在生态文明建设中要成为全国的排头兵，在赣鄱大地上书写出能代表“美丽中国”的锦绣文章。站在历史的高度，特别是通过前面五章对赣鄱文化生态智慧的讨论，我们一定会更加深刻地认识到上述生态文明建设举措的时代意义，这就是在生态文明时代实现人与大自然的又一轮和谐相处。

之所以提出与大自然的“又一轮”和谐相处，是因为农业与手工业时代已成既往，我们正处在工业文明时代向生态文明时代过渡的转折点。必须看到，虽然工业革命使得社会物质财富大为增加，但随之而来的生态危机却在不断提醒人

① 《人民日报》2016 年 2 月 4 日报道。

们，地球已经没有能力承载工业文明的继续发展，如果不开创出一种新的文明形态，人类将无法延续自己的生存。也就是说，人类必须由工业文明进入到更新的生态文明阶段，对江西来说，从“山江湖工程”到最近的一系列生态文明建设举措，就是为进入这个时代架设桥梁，探索建设生态文明的新路径，寻求新形势下人与大自然的再度和谐相处，实现“上不负祖宗，下不误子孙”的代际公平，走出一条建设“美丽中国”的可持续发展之路。

代际公平这一表述看似新鲜，实际上包括中华民族在内，世界上许多民族在环境问题上都有“上不负祖宗，下不误子孙”的思想。北美印第安人认为自然环境不是从祖先那里继承下来的，而是从子孙那儿租借过来的，到时候需要“还”给后人。这种想法的合理性在于：把生态环境看成是从祖先那里继承下来的，会助长一种“我的地盘我做主”的思想，随之而来的可能就是对自然资源的肆意挥霍；而把生态环境看成是从子孙那里租借过来的，则强调了在世之人只是“临时”拥有自己所处的生态环境，必须把它珍惜好爱护好，以便到时还给其真正的主人。这种思想对我们来说是有启迪意义的。印第安人有一首诗名为《捕鹿》，形象地说明了他们的生态观念：

我在森林深处捕鹿，
山的心脏也激烈地跳动。
我的手在悄然发抖，
我终于杀死了鹿儿。
我踩坏了嫩绿的野草，

我蹂躏了活泼的蚂蚱。
原谅我的鲁莽，
我的生命需要我这样。
总有一天我也会死亡，
我将把我的身体献上。
凡哺育过我的，
都将从我的身上得到报偿。
只有这样，
生命才会发出光芒。[1]

诗中体现了万物一体的思想：叙述者“我”为了生存不得不捕猎，为此需要把鹿杀死，在这过程还踩死了蚂蚁与嫩草，为此“我”感到十分抱歉；但“我”死后，包括自己的身体在内的一切也要还给自然，从泥土中来还要回到泥土之中。这是一种要对自然生态负责的思想。清代诗人龚自珍的“落红不是无情物，化作春泥更护花”，也有这层意思在内。

为了更好地显示江西近年生态文明举措的意义，我们需要特别引进经济学界一个术语加以说明。美国经济学家西蒙·史密斯·库兹涅茨于1955年提出“环境库兹涅茨曲线”（EKC），其要义为：环境污染在经济发展初期随人均收入增长而由低趋高，到达某个临界点（即所谓拐点）后又会随人均收入的进一步增长而由高趋低，呈现出一种倒U字型的曲线形状。为什么环境污染到一定程度会出现拐点呢？这是因为经济发展到一定水平，人均收入高到一定程度，社会财富

① 转引自王周生：《死后，我想化作一枝银柳》，《读者》2006年第2期，第61页。

积累到一定程度，政府就有可能拿出钱来应对并解决环境污染，就像英国当年对泰晤士河污染和伦敦雾霾天气的治理一样。泰晤士河一度污染严重到鱼虾绝迹，人们说河里流淌的化学药水浓到可以将摄影胶片显影。狄更斯小说中有对伦敦雾霾的具体描述，说其颜色为黄黑色，气味辛辣呛鼻，人们大白天出门要点上蜡烛，因为伸手不见五指。1952 年 12 月，连续 5 天的伦敦大雾夺去了 4000 多人的性命。这次事件使得英国政府下决心清除污染，议会相继通过了《清洁空气法案》和《空气污染控制法案》。根据这些法案，伦敦城里的火力发电厂以及属于用煤大户的企业都被迁到市外，留在城中的工厂不许烧煤，烟囱不得低于 200 米，居民供暖由用煤改为用气或用电。1980 年，伦敦每年的雾日减少到了 5 天。现在的伦敦已经彻底摘去了“雾都”的帽子。

不过，“环境库兹涅茨曲线”后面，隐藏着一种“环境宿命论”的思想，那就是主观努力无济于事，后发地区和发展中国家只能被动地等待经济拐点的到来，也就是说等到自身在经济上达到一定水平，到时自然有条件来治理环境污染。然而仔细想想，如果污染到了万劫不复的地步，那么无论花多少钱也解决不了问题。以当今饱受蓝藻困扰的太湖为例，有人测算，就是把改革开放以来太湖周边省市的财政增长全部投入治理，也无法在短时期内让太湖恢复原貌。日本的琵琶湖是其国内第一大湖，20 世纪 70 年代因严重污染发生大规模的赤潮，日本花了 39 年时间治理，投入资金 180 亿美元，到现在水质才恢复成三类水。而有环保专家认为，中国的太湖要花 100 年时间才能恢复到三类水，至于投入的资金更无法计量。所以“先污染后治理”付出的环境代价，大大超出了我们的承受能力。当下江西正在进行的鄱阳湖生态经济区、生态文明先行示范区与生态文明试验区的建设，所体现的就是一种跳出 EKC 的思维——不是躺在“环境库兹涅茨曲线”上坐等“拐点”的自动到来，而是主动协调环境和增长的关系，走发展生态经济、循环经济与绿色经济之路，达到降低 EKC 拐点的高度，实现环境保护与经济发展双跨越的目的。可以看出，这种生态智慧表现为：抢在环境危机发生之前，抢在付出不可承受的代价之前，未雨绸缪，既发展经济，维持住有质量的生活，同时又保持住江西人赖以生存的“一湖清水”。

当然，这种生态智慧的萌发，与我们曾经有过的生态教训是有关系的。如果说江西近年来一系列生态文明举措是对 20 世纪“山江湖工程”的承接,而“山江湖工程”之所以被提出来，具体原因在于江西一些地方，特别是赣江上游的赣南地区，在 20 世纪曾经发生过巨大的生态灾难。毛泽东 1930 年在兴国一带调查时，曾经对当地的生态环境作过这样的评述：

> 那一带的山都是走沙山，没有树木，山中沙子被水冲入河中，河高于田，一年高过一年，河堤一决便成水患，久不下雨又成旱灾。[①]

到了 20 世纪 80 年代初，由于贫穷落后以及管理粗放带来的乱砍乱伐，使得兴国一带的生态环境进一步恶化，出门

---

① 毛泽东：《兴国调查》，载《毛泽东农村调查文集》，北京：人民出版社，1982 年，第 201 页。

者四顾皆是荒山秃岭，水土流失触目惊心。当时人们把兴国、宁都等县的沙漠化惨状称为“红色沙漠”，发出了“兴国要亡国，宁都要迁都”的警告。兴国籍的老红军舒光才回到故乡，看到“河里无鱼虾，山中无鸟叫”的情况，专门修了“望绿亭”寄予期盼，从此“望绿亭”成了兴国的生态励志亭。[①]可以说，20世纪80年代江西实施的“山江湖工程”不是未雨绸缪，而是对濒临险境的生态环境做出的抢救性治理。由于抢救及时，赣南一带很快恢复了绿色。可以想象一下，如果当时生态灾难初露端倪时我们不问不管，任其在赣鄱大地上四处蔓延，鄱阳湖流域恐怕早已污染到不可救药的程度，今天的江西根本付不起治理的代价。这一事实告诉我们，江西人为什么如此热衷于种树，为什么对生态环境变化如此敏感，这是因为生态危机给过我们太多的历史教训。江西提出的一些口号，如“宁可不要金山银山，也要保住绿水青山”，“既要金山银山，更要绿水青山”和“绿水青山就是金山银山”等，都是从历史教训中得出来的宝贵认识，是充满生态智慧的真理。

与“山江湖工程”不同的是，江西在21世纪以来的一系列生态举措不仅关乎江西，还是代表中国生态文明发展方向的国家战略。作为中国生态治理的一个典型，鄱阳湖流域的生态治理有助于向世界展示，中国作为一个发展中国家，在环境问题上一贯是认真负责的，我们并不是只会靠大量占用土地、大量消耗资源和大量排放污染，来实现GDP的较快增长。鄱阳湖生态经济区、生态文明先行示范区与生态文明试

① “望绿亭”上有副对联：“忆当年曾拥葱茏奋起工农举红色一帜，为此日还我峭峻重披松柏塑绿盖千峦。”

鄱阳湖畔万亩鱼池

验区的建设告诉世人，中国人完全能维持经济发展与环境保护的协调一致。“美丽中国”不能缺少自然环境的美丽，不能缺少秀美清洁的水资源。中国最大的淡水湖鄱阳湖在江西，保住了鄱阳湖的“一湖清水”，就是保住了“美丽中国”的明亮眸子。美国生态经济学家莱斯特·布朗在北京大学演讲时，提出“石油可以被替代，但是水却没有任何替代物”，清洁的淡水将是今后即使用巨额财富也难购买到的稀缺物质，这番话诠释了“一湖清水”是江西和中国的无价之宝。从以上说明可以看出，在保护“一湖清水”方面，前人和今人的作为都是一致的，赣鄱文化的生态智慧跨越了昨天和今天之间的界限，正在实现不断延续和发展。历史上的赣鄱文化植根于农耕经济，在农业文明向工业文明过渡的 20 世纪，江西这片土地的发展似乎没有过去那么风光，处于一种韬光养晦的“祛魅”状态。如今随着生态文明的曙光从地平线上冉冉升起，赣鄱文化中蕴涵的生态智慧必将大放光彩。“老树春深更著花”，我们有充足的理由期待赣鄱文化再造辉煌。

纵观中外历史，并非所有文化都有着长久的生命力，许多文化已经死去。梁启超说“地球上古文明国家有四”，包括古巴比伦、古埃及、古印度和古代中国，这四个文明古国中，只有中国把自己的文化延续至今。为什么唯有中华文化硕果仅存？因为中华文化虽然古老，却蕴藏着生生不息的精神，我们既懂得吸取有益的历史经验，也知道总结自己的历史教训。赣鄱文化是中华文化的一分子，赣鄱文化的生态智慧就是这种生生不息精神的体现，从“山江湖工程”到最近的生态文明试验区，这些举措都让人感受到赣鄱文化的生态智慧在代代传承。十九大报告指出：“生态文明建设功在当代，利在千秋。我们要牢固树立社会主义生态文明观，推动形成人与自然和谐发展现代建设新格局，为保护生态环境作出我们这代人的努力。”人类能够生存发展至今，靠的就是祖祖辈辈积累下来的智慧和经验，每一代人都为维护自己的生存环境付出了努力。今后我们若是想要实现更好的发展，建设“美丽中国”，实现美丽的中国梦，同样不能离开前人的智慧与经验。

本书讨论赣鄱文化生态智慧，目的和意义皆在于此。

本章小结：

第一，人类社会正在跨入崭新的生态文明时代，赣鄱文化的生态智慧终将在这个时代大放光彩，启迪今人应如何实现与自然的又一轮和谐共处。第二，西方国家“先污染后治

鄱阳湖畔繁花盛开

理”付出的环境代价太大，江西建设生态文明的一系列举措，是对赣鄱文化生态智慧的继承与发展。其策略在于未雨绸缪，抢在生态危机发生之前，协调环境保护与经济增长之间的关系。第三，继十八大报告之后，十九大报告再次提出建设“美丽中国”的概念，“美丽中国”不能缺少自然环境的美丽。保护好中国最大的淡水湖——鄱阳湖的“一湖清水”，就是为美丽中国增光添彩。

后记：人生是一场生态修行

“修行”本是宗教用语，但不管是什么样的信仰，都需要砥砺个人德行，达到提升境界、开宽胸襟和扩大视野的目的。因此这里说的生态修行，指的是与生态相关的个人修为。随着年龄和阅历的增长，每个人对生态环境的了解、认识和思考都会加深，这种加深，到头来又会导致某种意义的反哺行为，如同儿女成年后开始赡养父母，当然，这种回报与父母的付出相比永远是微不足道的。以下笔者从几个方面叙述自己的人生经历，以便让读者了解到本书的许多内容是缘于笔者自己真实的生活，来自我个人的感悟与践履，这或许可以为本书增加一些鲜活性与说服力。

一、鱼米之乡初结缘

我从 17 岁起便与赣鄱之水结下了缘。1968 年

天然粮仓赣抚平原

夏天，初中还未毕业的我便被下放到赣江与鄱阳湖交汇处的劳改单位——朱港农场。那个地方当时被称为五七大军朱港团（后为福州军区江西生产建设兵团第五团），当时团长姓虞，副团长姓米，于是我们便被说成是去了“鱼米之乡”，这一说法让第一次走出家门的我感到了一丝安慰。下农场后两个月，我便从农业连队调到场部基建连水运排（后改为运输连）开拖轮，由此开始了我三年多的水上生涯，期间我去过赣江沿岸和鄱阳湖周边的许多地方。现代的人大多数是“陆行动物”，他们对事物的印象主要来自陆地上的观察，我却和古人一样，在船上看岸上的风景，因此我后来读古典诗文（古代大量作品是在漫长的水上旅行中写成）时常有与别人不同的亲切感受。

鱼米之乡多鱼米。我开船的一个主要任务是把稻谷从朱港农场运到百里之外的南昌，然后把煤炭、化肥之类的生产、生活物资运回来。农场的出产，除稻谷之外大概就是生猪、蔬菜、甘蔗和板鸭之类的农副产品了，副业连生产的板鸭是曾获巴拿马世界博览会金奖的“南安板鸭”，由此我知道了什么是商品经济。有次运生猪到南昌，我和船员们一道在大马路上用长柄捞箕把猪赶到肉类加工厂，路上还发生了猪逃进下水道的小事故。那时鱼只要 8 分钱 1 斤，蔬菜除辣椒 2 分钱 1 斤外，其他的一律 1 分钱 1 斤，不过那时我的月工资也只有 16 元。朱港里面有条内河叫八步港，我曾经在里面开过一段时期机帆船，那里的鱼多到每撒一网必有收获，有一次一条打鱼的小船居然因捕捞的鲢鱼太多而快要沉没，而我恰好开着机帆船从旁经过，于是那一大堆鱼便被转移到我的船上来运回场部。八步港里还有大鱼，有种吃鱼的鳡鱼可以长到 100 多斤。一次被赶入浅水处的一条大鳡鱼一甩尾巴，打伤了奋不顾身扑上去抓它的一名服刑人员（立功可以减刑）。我的小伙伴们喜欢在午休时用饭粒钓在船边游来游去的小鱼，差不多一两秒钟就有一条上钩，一个中午钓上的鱼可以装满一个大脚盆。我经常划着舢板穿过江中的激流来到对岸，那里的水边每隔十来步便有渔民用禾草和小树枝扎成的“诱虾器”，拎起它来抖抖就会有几只活虾从里面掉出来。沿着江边来回走上十来分钟，挨个把那些“诱虾器”抖上一抖，手中的筲箕便盛满了活蹦乱跳的鲜虾。渔民对我们这样做并无多大反感，因为不一会儿那些“诱虾器”又会被虾子占领。我们和渔民之间多有互动，水上相遇时我们会向他们买鱼，而他们看到我们船上堆放的大量蔬菜也很羡慕，有时我们能用一根萝卜向他们换来一条鱼。渔民吃饭睡觉都在小船上，有次我好奇地揭开他们的锅盖，发现锅里的米饭上面蒸着几条肥嫩的鱼，鱼油连同调味的豆豉汁滴落在饭上。《史记・货殖列传》有对江南一带“饭稻羹鱼”的描述，后来我读到这一段文字时，脑海里马上浮起这幅图景。

鱼米之乡的生活，让我尝尽了各种各样的河鲜。有次我去连部开会，回来时在堤岸上就远远地看见厨师在船尾拾掇着一只有小圆桌面那么大的东西，上船一看发现是一头全身呈绿色的巨大甲鱼。这种被称为鼋的动物会在堤岸边钻洞，到洪水来时这些洞会造成危害极大的管涌，因此那天我们是怀着为民除害的心情品尝着这一美食。[①] 野生的甲鱼现在非常难得，当时却是我们司空见惯之物，晚上参加连队的集体学习回来，快到船上时经常会听到草丛里有窸窸窣窣的响声，那便是甲鱼在爬动。一次，有位来看我的朋友踩住了一只带上船来，当天晚上我们把它当了消夜。脚下踩到甲鱼时必须立即用力紧紧往下顶住，否则甲鱼便会朝下刨土逃之夭夭。一名劳改期满在船上就业的水手告诉我，夏天刮南风的晚上，农场某处会有大量甲鱼爬上岸来，多到要拿麻袋来装。他和同伴曾经在田里支了一口大锅煮甲鱼汤，那天让一个劳改小队的人都吃饱了。后来我的拖轮有机会停在他说的那个地方过夜，而且那晚也刮起了南风，但不知何故我等到半夜，一只甲鱼也没看见。不过甲鱼不上岸这样的失望属于少数，鱼

---

① 本书第三章提到鼋将军庙，其名即来自这种动物。鼋有沙鳖、绿团鱼等别称，体重最大可超过 100 千克。《竹书纪年》卷下称：“（周穆王）三十七年大起九师，东至于九江，架鼋鼍以为梁，遂伐越至于纡。”这段记载显示过去赣北的鼋鼍之类多到可以填河架桥。《西游记》第四十九回将唐僧师徒连同龙马驮在背上渡过通天河的，便是一只千年老鼋。但现在的野生鼋已濒临灭绝。

从水里跳进船舱这样的惊喜我却遇到过多次。有一次我在驳船上工作时，船从南矶山装红石回来，快到目的地时忽然听见“忽喇喇”一声巨响，一条10来斤重的大鲩鱼跳进了装满了红石的船舱。那时正是“口中淡出鸟来”的菜荒时节，那条鱼着实让我们打了好一顿牙祭。有时候鱼不是自己跳上来的，前文中提到冬天枯水时鄱阳湖底只剩下一条条河沟，我们的船在河沟中航行时会把鱼儿挤到岸上，这时胆子大的船员就会跳上岸去捡鱼，把鱼抛到船上后再跳上船来。

难忘的还有在赣江和鄱阳湖上看到的诸多生态奇观。人们一般以为山洪都是浊流，实际上山洪也可以是绿色的，这就是“无雨而水自盈”的“清涨”。“清涨”之所以形成是因为山上的树木根须把蓄积的水分一下子都释放出来，这种现象只会在植被异常茂密的地方发生。有一次船停在赣江中游的一个地方，船老大突然命令水手赶紧松开锚链，说是涨水了。我们大家都很诧异，因为那几天并没有下雨。但是看到山上清流滚滚而下，水位不断上升，我们才不得不信服船老大的经验。和“清涨”一样，鄱阳湖的候鸟也是江西生态环境良好的标志。第一次进鄱阳湖的时候，我问船老大远处沙洲上那黑乎乎的一大片是什么，船老大举手拉响了汽笛，沙洲上腾空飞起一大群鸿雁，遮天蔽日。这情景真像一首诗中所说的那样：“鄱湖鸟，知多少，飞时遮尽云和月，落时不见湖边草。”赣江上也有激动人心的景观，那就是禁渔期满之后的“开港”。届时四面八方的捕鱼船便会闻风而至，我们的拖轮开到这里犹如进入了人头攒动的水上庙会，只能用最慢的速度行驶，小心翼翼地避开那些罩网船和鸬鹚船。我最感兴趣的是那些在水中钻上钻下的鸬鹚，它们捕鱼时懂得用带钩的长喙抠住鱼的眼睛。我亲眼看见一条金色的大鲤鱼被两只鸬鹚分别叼住眼睛和尾巴，哗拉一声“抬”出水面，它们合作时的那种默契令我至今难忘。

以上所说皆为美好印象，我的记忆中还藏有一些恐怖画面，那是鄱阳湖发怒时露出的狰狞面目。朱港农场的田地是用圩堤从湖水中夺来的，每到涨水季节，这条人工筑起的脆弱圩堤便要接受洪水的考验。这时我的拖轮就得接受防洪抢险指挥部的调遣，这意味着只要指挥部一声令下，不管天气多么险恶我们都必须冲入风浪之中。狂风吹袭下的鄱阳湖与惊涛骇浪的大海没有区别，我的那条船就像汪洋大海上一片剧烈摇晃着的蛋壳，从那以后乘坐任何车、船或飞机都不会使我产生不适反应。古人说风雨大作时会有蛟龙现形，虽然我没有看到过蛟龙，但有次我的拖轮拖着一队驳船在暴风雨中的湖面上行驶时，忽然看见左边水面上有条长蛇向我们疾驶而来。我和另一位船员大呼小叫地举起长长的撑篙对它发出威胁，但这条吐着蛇信的长蛇没有一点让路的意思，硬是抢着从我们船头前横穿而过。船老大说湖里的蛇虫皆为被许真君降服的孽龙的子孙，每年三、四月间湖上的风暴都是“小龙探母”所致。我的拖轮还去过第三章中用“中国的魔鬼三角区”来形容的老爷庙水域，那时虽然还在破除封建迷信的“文革”时期，但我们还是放了一挂鞭炮祈求鼋将军的保护，所有人都按船老大吩咐屏住呼吸缄口不语，神情肃穆得像是进山朝拜的香客，过了这道鬼门关之后大家才恢复说笑。为了加固堤坝我们经常过湖去都昌的大矶山运石头，那一带水域常有白鳍豚（民间称“江猪”）成群出没，时而拱出水面，时而沉入水下。最近媒体有报道说白鳍豚已经被宣告为功能性灭绝（人们肉眼能看到的几头已经不足以维持其繁衍），这一消息令我十分沮丧。

2018年，我和农场老友要一起纪念下放50周年。不管青春是无悔还是有悔，三年的“下里湖里”的生活让我初步认识了鱼米之乡的生态之美，使我对江西的自然环境有了粗浅却又实在的了解，这一点是我最感庆幸的。我后来研究的江西民间传说，如许真君降服孽龙、朱元璋与陈友谅在鄱阳湖打仗（朱港原名朱子港）、陈友谅的夫人从望湖亭上投水自尽，等等，最早都是从船老大那里听来的。我还亲眼看到洪水漫过农场对面的堤岸，使那边瞬间成为一片汪洋。但当我为那边的人感到难过时，船老大却说他们收不到稻谷就收鱼虾，反正堤内的稻子本身就长得稀稀拉拉，没有投入多少人工和成本，说不定收到的鱼虾还更值钱（详见第三章）。这是我第一次领略湖区人民的生态智慧，这种宝贵的“地方性知识”是其他地方学不到的。

卢梭在《忏悔录》中叙述了自己年轻时的许多荒唐事，我在这里也要交代自己的一桩罪过。那时渔民会把拌了毒药的谷粒洒到草洲上，捡到被毒死的天鹅、大雁之类后，除去羽毛与内脏，浸泡在船舱内的盐水里待价而沽。我有次就从渔民的船上买了一只这样的天鹅带回南昌。当我拎着这只天鹅走在马路上时，满街的行人都向我投来惊讶的眼光。我母亲当时也走在我后面，她说首先看到的是那只长长的鸟脖子，然后才发现是自己的儿子在拎着它。当时我还不到18岁，既无法律意识也无生态观念，更不懂“没有买卖就没有杀戮”的道理，这件事让我一直感到歉疚。后来我在生态环境保护上的些微作为，与内心深处的忏悔意识不无关系。

二、学海泛舟有所思

离开农场那条船是在 1971 年底。1977 年恢复高考之后，我进入大学，紧接着又破格考上了研究生，从此载着我遨游的是另一条学术之舟。40 多年来的学海泛舟给过我不少生态启迪，这些启迪主要来自我对济慈诗文与生态叙事的研究，以下分而述之。

1. 济慈诗文

英国浪漫主义诗人济慈既是我的学术“初恋”，也是我始终不渝长期研究的对象。在硕士学位论文《济慈美学思想初探》之后，我陆续出版了《济慈书信集》（译著，东方出版社 2004 年）、《济慈评传》（人民文学出版社，2007 年）和《济慈诗歌诗论的现代价值》（北京大学出版社，2014 年，入选《国家哲学社会科学成果文库》），并曾为这一研究寻访过济慈一生中去过的所有地方。

济慈吸引我的首先是其作为人类一分子的生态敏感。19 世纪初的英国人还不知道生态失衡的危害，伦敦作为当时世界上最大也是发展最快的城市，正首当其冲地经历工业革命带来的环境灾难。济慈发表的第一首诗《哦，孤独》，就对水泥森林般的城市景观表达了不满，希望能与一二知己逃入大自然的怀抱。他的诗歌充满了对自然美的由衷热爱，读后令人口舌生津、颊有余香。这年头许多诗歌经典已经淡出了人们的记忆，《秋颂》《夜莺颂》中的名句却历久而弥新。济慈之所以被人称为“诗人中的诗人”，在于他是用一颗玲珑剔透的美丽心灵来歌唱自然。在读者心目中，济慈就像是那只在山毛榉上歌吟的夜莺，其歌声可以使人忘记此身安在——虽然人的肉身不能离开真实的世界，精神却可以和夜莺一道隐没林间，获得片刻的轻松与解脱。我曾说诗歌日历上的1819年属于济慈，在那个收获的季节，他像火山爆发一样喷吐出许多令人惊叹的瑰丽诗句。一位诗人一辈子可能只需要一次"火山爆发"，这样的爆发可以把他冲上艺术人生的最高峰，创造出流芳百世的诗篇。《秋颂》等诗篇就是这样的奇观，人们通过它们认识了锦心绣口的济慈，发现了大自然原来是如此美妙。除了诗歌之外，济慈的书信中也有对自然风光的出色描绘，我个人认为其成就不亚于济慈那些脍炙人口的诗歌名篇。[①]

1962年，美国的生态文学作家蕾切尔·卡森出版了改变历史进程的《寂静的春天》。所谓"寂静的春天"是指DDT等杀虫剂的使用导致鸟儿大量死亡，春天里再也听不到鸟儿的鸣叫。而《寂静的春天》的扉页上赫然印着济慈《无情的妖女》中的诗句："湖中的芦苇已经枯了，也没有鸟儿歌唱。"于无声处听惊雷，《寂静的春天》被形容为"旷野中的一声呼喊"，惊醒了亿万受剧毒农药之害而不自知的人们。这声呼喊引发的环保运动，至今方兴未艾，卡森因此荣膺"环保先驱"的称号。为什么卡森的呼喊能产生这样的效果？从修辞角度说，她所精心设计的书名起了振聋发聩的作用——春天应该

① 主要体现在济慈与友人布朗同游英格兰湖区与苏格兰高原时（1818年6月至8月）给亲友的书信中，可见《济慈书信集》相关部分。参看《济慈评传》第八章"湖区与高原"，这两万多字的内容被人民教育出版社2008年出版的《中外传记作品选读》选录。

是百花争艳、百鸟争鸣的，春天没有鸟儿歌唱是一件多么可怕的事情！济慈描绘的凋敝情境衬托着卡森的呼喊，让读者看到了一幅令现代人毛骨悚然的未来图景。然而济慈诗歌中还有其他声音在背景中回荡。他的生态诗《蝈蝈与蟋蟀》在英语国家妇孺皆知，诗中用冬夏两种虫鸣证明自然之歌永远不会停歇，这与有可能到来的“寂静的春天”形成令人揪心的对照。人类社会正在进入生态文明时代，环境保护是当今最为响亮的时代主旋律，在这个进程中济慈诗歌仍然与我们同在。

2. 生态叙事

叙事学是我的主业，生态叙事研究则是其中一个重要方面，这方面我有三点较为值得一提的收获与发现。

一是我对千古奇书《山海经》的重新界定：与其说该书描述了山川海荒的方位，不如说它着眼的是天底下的资源；与其说它介绍了各种资源的功能，不如说它更关心人的需求；与其说它是一部自然之书，不如说它是一部讨论人和自然关系的书——书中流露的资源有限观念，值得后人世世代代铭记。懂得了《山海经》是一部什么样的书，也就懂得了那个时代的人。那时的人把自己当成自然界的一部分，明白万物依存而共生，也知道众生各有其形，宇宙间没有什么值得大惊小怪的生灵。我们从书中读出了他们对自然的观察和理解，读出了他们的欲望、需求与所受的折磨，还读出了他们务实的宇宙观与开阔的生态心胸。令现代人望尘莫及的是，他们认识大自然中有用的一切，叫得出花草树木与鸟兽虫鱼的名字，具有合理利用资源、与自然和谐相处的天赋与才能。当然更为重要的是，我们通过这些反观了我们自己。由于种种原因，我们总习惯于看到人类取得的历史进步，而现在是应当看到我们失去了什么的时候了。西方生态学家认为“我们还没有成熟到懂得我们只是巨大而不可思议的宇宙的一个小小的部分”，其实我们并不是“还没有成熟”，而是从曾经的“成熟”退化了,退化到愚蠢地将“小我”与“大我”隔离开来。孔子说学《诗》有益“多识于草木鸟兽之名”，将《论语》中的有关论述与《山海经》联系起来，一切就显得非常合理了：认识自然是当时最重要的知识需求，还有比大自然更为重要的文本吗？遗憾的是，现代人已经不再为自己的“五谷不分”而歉疚,更不会发出“吾不如老圃”的感叹了。就人之所以为人的基本方面来说，我们实在是有愧于自己的先辈。每一项现代发明都使我们失去一样珍贵东西：时钟使我们不会观察日月运行，汽车使我们的腿部肌肉萎缩，电脑使我们忘记了许多字的写法；绝大多数人已经完全丧失了在大自然中独立生存的本领，甚至连我们“养之已忧”的狗儿也不会在生病后去野地里寻药了。现代人一辈子固然要学习许多本领，但是在摘去“文盲”、“车盲”和“电脑盲”之类帽子的同时，我们却又不知不觉变成了“花草盲”“树木盲”和“鸟兽盲”等。即便在现代人居住的城市之中，我们也成了与外界疏离的陌生人，疏离感被认为是现代人最大的精神痛苦——由于对“水泥森林”中不断涌现的陌生事物缺乏了解和把握，人们经常会感受盲人和聋人那样的窘困。这不是我们所要的生活。在生态文明时代来临之际重温古人的“原生态叙事”，有助于我们钩沉许多业已失落的生态记忆。

二是我对南昌浴仙池传说的发掘。南昌人大部分不知道浴仙池即位于闹市区的洗马池，南昌地方文献如此记载浴仙池之名的来历：“尝有少年，见美女七人，脱五彩衣岸侧，浴池中。少年戏藏其一。诸女浴竟，就衣化白鹤飞去，独失衣女不能去。随至少年家，为夫妇，约以三年。还其衣，亦飞去。故（洗马池）又名浴仙池。”[①] 这一记载带有明白无误的羽衣仙女故事特征，与牛郎织女故事有血缘关系的羽衣仙女故事曾在亚欧非三大洲广泛传播。[②] 国际学界过去根据《玄中记》与《搜神记》中关于“豫章新喻县男子”与“毛衣女”的叙述，认定这个故事起源于“豫章新喻”（即今新余市），而我提供的材料则显示豫章城里也有这样的故事在流传。我从生态环境角度探讨了羽衣仙女传说在江西形成的原因：第一，江西从总体上看是一块巨大的稻作湿地，这种亲水环境加上炎热天气，为女性露天洗浴的民间风气提供了条件；第二，故事中仙女化身白鹤，而现实中全球98%的白鹤在鄱阳湖越冬，这一数字显示了白鹤在其他地方的罕见程度，同时也有力地证明了白鹤女故事最有可能起源于江西；第三，由于千里赣江是一条南北走向的“黄金水道”，江西古代船舶交通特别繁忙，百无聊赖的船客最多的消遣只能是讲故事——所谓“晴

---

① 明代嘉靖四年的《江西通志》，明代《新修南昌府志》，清代乾隆、同治年的《南昌府志》以及光绪年、1935年重刊的《南昌县志》均有相似记载。

② 2013年笔者去印度尼西亚的巴厘岛旅行，发现巴厘岛乌布地区 Puri Lukisan 博物馆中藏有一幅画，画面上一名少年藏于树上偷窥仙女洗浴，并用树枝挑起一位仙女的衣服意在藏匿，画上仙女的数量也是七位。画旁的说明文字为：“Raja Pala steals the scarf of one of the heavenly nymphs in the hope that she will not be able to fly back to heaven so he could have her as his wife. She agrees to be his wife with one condition after having his child, Raja Pala will return her scarf。”这一发现显示羽衣仙女故事在巴厘岛也有流传。

空一鹤排云上，便引诗情到碧霄”，说的就是鹤类容易引发人们的叙事灵感。此项研究还为破解“鸟田”（类似说法有“鸟耕”和“鸟耘”）之谜提供了帮助，我找到了专家对白鹤觅食动作的客观描述，其中提到“白鹤群觅食过的湖滩上，每平方米约有 3—4 个坑（深 17—20cm，宽 20—40cm），像拖拉机翻耕过一样”。[①] 这合理地解释了鸟类何以能帮助人类耕耘，为此 2001 年第 3 期的《农业考古》破例转载了我的长文《羽衣仙女传说与赣文化》。这篇文章使我成为浴仙池传说的“主要传承人”。[②] 作为“传人”我还真的在推动这一研究的传承，在我的指导下，日本来华留学生上田五月完成了对中日羽衣仙女故事作比较研究的博士学位论文，2017 年顺利通过答辩获得了博士学位。

三是我对许逊传说的释读。本书第三章虽已涉及不少这方面的内容，但仍须强调的是，基层经历与书斋思考的结合，使我体会到，凡是千古不磨的民间传说，其中必定蕴藏着地域文化的精华与智慧。饱受洪涝之苦的历史事实，导致许逊降服孽龙的民间传说在鄱阳湖流域长期流传。水体涨落激发的生态敏感与自然敬畏，使水患在人们的想象中化作一条兴风作浪的孽龙，孽龙最后的束手就擒反映了赣鄱人民战胜自然灾害的强烈愿望。江西为人杰地灵之邦，涌现过许多彪炳千古的人物，但最终竟然是许逊这位道家人物赢得了民间百姓的永远纪念，究其原因，还是因为伏波安澜在水患频仍的

---

① 曾南京、纪伟涛、黄祖友、刘运珍、贾道江:《白鹤研究》，载吴英豪、纪伟涛（主编）:《江西鄱阳湖国家自然保护区研究》，北京:中国林业出版社，2002 年，第 135 页。

② 南昌市西湖区非物质文化遗产保护中心以笔者为主要传承人申报的“浴仙池传说”（即羽衣仙女传说），已于 2013 年列入第四批江西省级非物质文化遗产名录。

江西乃是压倒一切的头等大事。本书正文中提到过，许逊的“铁柱镇蛟”实际上代表着植树造林，用扎入地下的草木根须来涵养水源、保育土壤。这里还要补充的是，许逊谶语中的“天下大乱，此地无忧；天下大旱，此地薄收”，意为广种树木之后江西将具有旱涝保收的地区竞争优势；而“北沙高过肩，城里出神仙；北沙高过城，城里出圣人”则不但指出泥沙堆积并不完全是坏事，还包含了“哪里有危险，哪里就有救”的深刻思想。最有意思的是他那“一千四百四十年后，有当洪都龙沙入城”的预言，居然在其身后获得了一定程度的应验。随着沙丘的隆起与扩大，南昌城区不断向江边扩展，与许逊相隔 15 个世纪的姚鼐，其《南昌竹枝词》中就有“城边江内出新洲，南北弯弯客缆舟”之句——南昌的新洲、新填洲等，顾名思义皆为沙丘堆积出的新地块。新世纪以来横空出世的红谷滩新区（“红谷滩”原名为“鸿鹄滩”，那儿最初是候鸟栖息之地）亦属江上新出之洲。

以上认识的得出，与研究视角从生态出发有关。把许逊的传说看作生态叙事，就会看到前人讲述这个故事，意在提示与自然博弈应怀敬畏、尊重与怜惜之心，以自然力量相互制约，方为正道。今人如能从中获得启示，不折不扣地按自然规律行事，便可成为自己命运的“拯救者”。许逊的传说递送给后人的一个至关紧要的信息，那就是对自然伟力不能一味抗争——传说中许逊对孽龙可谓“得饶人处且饶人”，既有妥协让步，也有手下留情。但这一重要信息在历史上几乎一直处于“无人认领”状态：江西自古以来就在与湖水争田，这种争夺导致了大自然一次又一次的惩罚，直到最近这些年才有了顺应自然的“退田还湖”行动。实施这一行动后，江西再未出现严重的水患。如果人们能早点领会许逊传说的真谛，也许就不至于走过如此漫长的弯路，付出如此沉重的代价！此即“买椟还珠易，探骊得珠难”。在缺乏科学话语的历史条件下，古人的真知灼见常常被包裹在封建迷信之类的泡沫之中。今人要善于聆听传世故事，学会对其去芜存菁，养成“得古人真意于千载之上”的披沙拣金本领。“洪水猛兽”之类危害已成既往，国人目前的焦虑来自不可须臾无之的空气，时代在呼唤新的“伏霾”英雄，从包括乡土传说在内的传统叙事中寻求启迪，仍然是一条实现“自我拯救”的重要途径。

20 世纪 90 年代起，江西人就开始了关于自身文化的反思与讨论，讨论的一个核心问题直到今天似乎还未取得共识，这就是赣鄱文化（那时候叫赣文化）的特色究竟是什么。无法取得共识是因为有一种认识在左右着讨论者的思维：江西乃“吴头楚尾”之地，四邻是相对强势的荆楚文化、湖湘文化、吴越文化与岭南文化等，这些文化都对江西这片土地产生了影响，因此对赣鄱文化的一个流行而又省事的概括便是“海纳百川，兼容并蓄”。然而依我之见，一味接纳吸收算不上什么特色，虽然有人用“没有特色是江西文化最大的特色”来自我解嘲，但这种表述充其量只是一种巧妙的回避，我们必须对这一问题做出正面回答。本书正文中的所有内容，其实都是在阐述一个基本观点：赣鄱文化的一大特色在于其生态智慧。之所以做出这样的论断，是因为桀骜不驯的鄱阳湖水体在历史上既给江西人民带来巨大苦难，同时也赋予江西人民特殊的生态敏感，使他们对大自然怀有一种铭心刻骨的敬畏之情。生态意识之所以如此深刻地渗透在江西的地域文

鄱阳湖的鹤群翩翩起舞

化当中，与赣鄱之水的变化莫测有密切关系。生物学家、进化论的奠基人达尔文在《物种起源》中写道：能够存活下来的物种不是那些最强壮的种群，也不是那些智力最高的种群，而是那些对变化做出最积极反应的物种。“对变化做出最积极反应”这一表述，我以为最能够体现赣鄱文化的精粹，因为其顽强的生命力正是来自对大自然的顺应与抗争——只有看到人与大自然的关系是贯穿赣鄱文化的一条主线，江西人才能把握住自己安身立命的文化的本质。

三、生态理念的践行

之前的内容皆为认识与思考，这些认识和思考要落实为行动才有意义，因此接下来要说到我在工作中如何将自己的生态理念付诸实施。离开农场后我只在江西师范大学和江西省社会科学院工作过，说来也巧，这两家单位都给了我践行理念、报效桑梓的机会。

1. 建议申报“环鄱阳湖生态经济试验区”

2005 年至 2009 年我任江西省社会科学院院长，在此期间为江西省委、省政府做了一些建言献策工作，其中最有意义的一件事是在 2008 年 1 月 18 日省里组织的专家学者座谈会上，代表省社科院提议江西省向国家申报建设“环鄱阳湖生态经济试验区”。

座谈会之前有关方面要求每个人发言不得超过 8 分钟，为了确保 8 分钟发言的质量，我在内部（当时省社科院与省社联合署办公）开了几次小型论证会，请各方面的专家来出主意。记得第一次开会是在 1 月 15 日下午，我和时任省社联副主席郭杰忠教授商量，觉得应当根据江西得天独厚的生态条件，围绕生态经济做文章。正好几个月前我和省社科院的甘庆华研究员合作写了一篇《山水武宁的启示》，在呈省委省政府主要领导的《专报》上发表，里面提到要贯彻落实温家宝总理保护鄱阳湖“一湖清水”的指示，孟建柱书记在调京工作前对这篇文章有较高评价。我们感到发展生态经济是落实省第十二次党代会“生态立省”方略的一条最佳途径。当时我们已从中国社科院方面得到了一个重要信息：国家今后将精细规划国土用途，在 960 万平方公里的国土上划分出一个个“主体功能区”。这使我们想到可以将发展生态经济作为赣鄱大地的主体功能。此前江西省内多次有人提出打造“环鄱阳湖城市群”的概念，我们认为“城市群”在江西还一时提不上议事日程，但“环鄱阳湖”可以作为生态经济区的试验范围。会后我加夜班写出发言初稿，将题目定为《以国家划分主体功能区为契机，申报环鄱阳湖生态经济试验区》，1月17日下午和18日上午又开了两次小型论证会。最后一稿征求意见时，大家都表示满意，认为其具备了“一炮打响”的条件。

座谈会如期于1月18日下午在滨江宾馆举行。出门前我有强烈预感，觉得这次建言一定能获得成功。会上我争取到第一个发言，我的话音刚落，主持会议的省委主要领导便说应当将这一建议列为省里的重大课题，在总结时又用最多时间评述了我的建言，说是“切中要害，势在必行”。[①] 事情的发展果然如我预料的那样：省委宣传部第二天就指示将我们的研究列入江西省社会科学研究规划“十一五”重大项目，并要求我们尽快完成研究报告并向省委省政府汇报。经过课题组全体成员的辛勤努力，《关于建议申报“环鄱阳湖生态经济试验区”的研究报告》于2008年2月3日完成。这个报告后来还上了《新华文摘》，并获得江西省第十三次社科优秀成果一等奖。2008年3月8日，江西省在北京人民大会堂举行建设“环鄱阳湖生态经济试验区”新闻发布会；2009年12月12日经国务院批复，鄱阳湖生态经济区建设规划成为江西省第一个国家战略行动。虽然“环鄱阳湖生态经济试验区”这个名字被调整为“鄱阳湖生态经济区”，但其实质没有改变，我们的建议被省委宣传部认定为省社科院有史以来被省委、

① 2008年1月19日《江西日报》头版对座谈会情况有详细报道。

省政府采纳的最重要成果。从生态文明建设角度看，鄱阳湖生态经济区可以说是20世纪80年代开始实施的“山江湖工程”的延续，同时又为江西今天进入国家生态文明示范区和国家生态文明试验区的行列做出了铺垫，我为自己能见证这一历史进程而备感荣幸。

2. 江西师范大学新老校区的生态建设

如果不算2005至2009在社科院工作的那四年，我从20世纪80年代初到今天一直在江西师范大学工作。初当教师时我只能独善其身，兼做行政后才有条件施展手脚，按自己的理念改造周围的环境。我当副校长后不久，学校开始扩大办学规模，使我赶上了千载难逢的新校区建设。从社科院回来担任校长兼党委书记，我面临的挑战就有整治老校区和为新校区基建工作扫尾，以及迎接即将到来的校庆70周年。当时沉重的财务负担把学校压得喘不过气来，知道内情的人都为我捏了一把汗，但我最终不仅顶住压力完成了任务，还为校园的生态画卷增添了几抹亮色。

校园建设是一任接着一任干的千秋事业，但每一任都有可能留下自己的得意之笔。瑶湖校区的选址是熊大成书记和李贤瑜校长在任时的决定，建设则是在游海书记（后兼校长）任上初具规模。我接任后所做的工作属于修补完善，为此我启动了不少生态项目来为校园锦上添花，这其中最有代表性的就是健康小道。所谓健康小道其实就是校园中的一条绿道，全长5122米，宽1.8米，与其外侧的瑶河（护校河）平行。进出口处有中国书法家协会主席沈鹏校友题写的路名，主要路面用红黄灰三色砖块砌成，每30米安装一盏太阳能路灯，每100米放置一块刻有描写周边景物文字的方形石，路旁有各种体育文化设施与令人目不暇接的自然景观。如果说全长 7000 米的瑶河是一条环绕整个瑶湖校园的翡翠项链，[①] 那么健康小道就是戴在校园脖子上的又一条闪闪发光的玛瑙项链。就像正大广场上的静湖桥连通了校区的中轴线一样，这条小道打通了校区的“大周天”，使校区内除了纵横交错的道路之外，又多了一条外环线上的绿色通道。在健康小道落成典礼上，全校学生面朝校内背对瑶河，手拉手围成一个大圈，用这种方式将占地 3000 亩的瑶湖校区“拥抱”在怀里，那场面真是蔚为壮观。

顾名思义，修建健康小道是为了师生员工的身心健康。小道落成以来，校工会和各个学院经常组织环绕校区一周的健步走活动，我在小道上散步时，不时有年轻师生大步流星地从身旁走过，每次这样的徜徉都令人心旷神怡。在社科院工作时，我也曾发起过每月环绕青山湖一周的健步走活动（这活动仍在延续），那些每次坚持参加活动的人，上医院的次数比过去明显减少。我还在省政协大会上呼吁建设纵横城乡的绿道，让江西的老百姓尝到生态保护的甜头，切切实实地领略生态工程与生态产品带来的实惠。绿道、健康小道之类的生态项目的价值，绝不是节省下来的医疗费用所能衡量的，对此可以从提高生命质量的高度来认识。我满怀喜悦地看到，随着瑶湖校区里花草树木的生生不息，师大人对自己家园的情感也在不断加深，如今越来越多的人爱上了那里的红花绿叶和大树草坪，几乎每天都有人在微信朋友圈中晒校园美照。

① 笔者去过全国许多大学，像江西师范大学瑶湖校区这样用一条环形水系完全围住的校区，可谓绝无仅有。

饭前课后走一走健康小道，踩一踩齐脚窝深的萋萋芳草，喂一喂鹿苑里调皮可爱的梅花鹿，吸一吸沁人心脾的瑶湖空气，看一看鹅湖湾上缓缓转动的水车，闻一闻校园里无处不在的花草清香，听一听瑶河上水禽伴侣的相互呼唤，这会给身心带来怎样的愉悦，给工作学习带来多少灵感！

营造优美的校园环境，乃是大学建设的题中应有之义。世界上凡是有年头的高等学府，都有花木葱茏的庭院、花园与草地，这些景观既具赏心悦目的美学功能，更有为教学科研服务的潜移默化作用。大学既以研究高深学问为目的，理应为师生提供幽雅清静的思考场所，让他们在这里晤对自然，放飞想象，探讨宇宙、永恒与人生的基本规律，以“穷天人之际，通古今之变，成一家之言”。当年在鹅湖书院与白鹿洞书院，朱熹、陆九渊等人就是在山光水色中辩论抽象的哲学问题。人类总是在诗意栖居中走向理性澄明，健康小道两旁的无边秀色，有利于孕育陈寅恪倡导的“自由之精神，独立之思想”。我在多伦多大学和伦敦国王学院做过访问学者，看过不少历史名校。有的学校在方庭回廊间布置睡莲喷泉和佳树珍禽，环境优美得可用人间仙境来形容，无怪乎这样的地方会出国际一流的大学者。我相信假以时日，今天在健康小道上疾行的中青年教师中也会有人成大气候。

同样的生态理念也被用于老校区（青山湖校区）的整治，整治的重心主要落在“两湖”面貌的改变上。老校区原址是民国时期的南昌飞机制造厂，校区内的青蓝湖与显微湖原为日寇侵华时飞机轰炸该厂留下的深坑，后来因势就形改造成池塘。我要求后勤部门对“两湖”实行清污治淤，栽种荷花、芦苇等景观植物，还在湖边建起栈道游廊，装上运动器材和坐椅长凳等。“两湖”如今已成为老校区顾盼多情的两只明眸。人们说这里已成景区，往日污水横流、行人掩鼻而过的景象一去不返。闲暇时人们扶老携幼来湖边看鸳鸯、野鸭与雪雁，还有那脖子长长嘴巴红红的黑天鹅，年轻的大学生学会了用吃剩的馒头喂水中大得惊人的锦鲤，栈道上观赏荷花的行人络绎不绝。中文系一位教授爱荷成癖，去世后其弟子在校报上撰文，介绍乃师的“菡萏情怀”，提到教授生前多次要求学校在校内种荷。如今教授憧憬的“夏日荷花艳，拂清风，香气盈襟”已经实现，老先生泉下有知亦当含笑。有一年我别出心裁地将中秋晚会放在青蓝湖上举行，舞台是油漆一新的青蓝亭，梦幻般的灯饰使湖上景物变得既熟悉又陌生。差不多演到一半时，一叶扁舟在“艄公”挥桨下从荷花丛中悄然驶出，船头上身着古装的女演员演唱了一曲《青蓝湖美》，引起栈道上观众的热烈欢呼，人们赞叹这是学校多少年来最有创意的节目。有趣的是，湖中的水禽那晚像儿童一样“人来疯”，五只雪雁频频游入聚光灯下，用洁白的身躯充当舞台道具；三只黑天鹅则合着音乐的节律晃动曲线优雅的长颈，似乎要与演员一道翩翩起舞。

行文至此要向读者抱歉，这部书稿的后记在我所有著作的后记中算是最长的，写得这么长是因为有许多话要说，把它们记下来或许有助于读者更好地理解本书内容。我自己在几十年的教学经历中体会到，光讲大道理不能解决问题，听讲者信服的是那些你自己真正服膺并身体力行的东西。最后我要提到在伦敦自然历史博物馆看到的一个老虎标本，那是东北虎（西伯利亚虎）与孟加拉虎交配后所生的后代，如今它的父族与母族天各一方——东北虎退入亚洲的东北，孟加拉虎逃往喜马拉雅山那一头，这两种老虎再也不可能在丛林中相遇了。我在那只杂交虎的毛皮上，读到了一个令人唏嘘不已的环境恶化故事——自然历史博物馆把这只标本放在显目位置，为的就是提醒观众这样的悲剧故事还在世界各地上演（比如本书前面提到的白鳍豚）。为了避免或者减少这类悲剧，我觉得需要牢记汉语中两个可以合为一联的成语，一个是“福从天降”，另一个是“咎由自取”。[1] 前者可指人类从天地万物那里获得的生态福荫，后者的意思是辜负这种庇佑必遭天谴。我说人生是一场生态修行，意为在世之人须懂得知福惜福，不要把身边的鸟语花香视为理所当然，有条件时更要努力优化、美化自己所处的生态环境。

感谢萧惠荣和刘涛两位学术助手，他们在文献查询、图片选择等方面为本书提供了许多帮助。

2018 年 4 月 24 日于豫章城青蓝湖畔

① 此联为韩山师范学院巫称喜教授的创意。

图书在版编目（CIP）数据

生态江西读本 / 傅修延著. -- 南昌：二十一世纪出版社集团, 2019.4
ISBN 978-7-5568-3959-9

Ⅰ. ①生… Ⅱ. ①傅… Ⅲ. ①生态环境建设－概况－江西 Ⅳ. ①X321.256

中国版本图书馆CIP数据核字(2019)第053723号

生态江西读本　傅修延 著

策　　划　张秋林
编辑统筹　熊　炽
责任编辑　朱毅帆
特约编辑　张国功
封面设计　彭　蕾
装帧设计　章丽娜
摄影和图片提供　白　明　李子青　李　颢　李一意　彭学平　欧阳萍　饶良平
出版发行　二十一世纪出版社集团
（江西省南昌市子安路75号　330025）
www.21cccc.com　cc21@163.net
出 版 人　刘凯军
经　　销　新华书店
印　　刷　江西华奥印务有限责任公司
开　　本　720mm × 1200mm　1/32
印　　张　3.625
字　　数　70千字
版　　次　2019年5月第1版
印　　次　2019年5月第1次印刷
书　　号　ISBN　978-7-5568-3959-9
定　　价　25.00元

赣版权登字—04—2019—276　